管理不再只是發號施令！打破制式框架，激發員工與團隊的潛力

當變化成為常態，告別 KPI 的

量子管理新時代

辛傑 著

THE QUANTUM MANAGEMENT ERA

從牛頓到量子，面對 VUCA 時代的全新管理視角！
管理不該只是控制，而是激發員工與企業的潛能與創造力

目錄

推薦序一 　　　　　　　　　　　　　　　　　　005

推薦序二 　　　　　　　　　　　　　　　　　　009

前言 　　　　　　　　　　　　　　　　　　　　015

第1章　量子管理起點：我來自何處　　　　　　021

第2章　量子管理的理論基礎：我是誰　　　　　055

第3章　從原子到量子管理：我去向何方　　　　071

第4章　量子領導者：一趟覺醒之旅　　　　　　111

第5章　量子組織．無為而有為之道　　　　　　155

第6章　量子策略：破繭再生之路　　　　　　　189

第7章　量子管理實踐：我們正行於其中　　　　215

目錄

推薦序一

在高度不確定的後工業時代，傳統基於牛頓（Isaac Newton）原子觀的管理理論已經無法適應新的管理情境，韋伯（Max Weber）所崇尚的理性正漸漸喪失其合理性。時代呼喚著思維變革與管理創新。

正如量子管理學的創始人丹娜‧佐哈（Danah Zohar）所指出的：在不確定和質變時代，我們真正需要改變的是思維。要革新我們舊的思維體系，從頭改變，換一種思維看世界。

本書從以下七個維度，展現了量子管理的理論與實踐的畫卷。(1)從時代背景出發，闡明了量子管理的必要性；(2)從量子物理出發，並對比原子物理，闡明了量子管理的理論源起和超越性；(3)將量子管理與原子管理進行對比，闡明了從原子管理到量子管理的八個轉變；(4)反思領導者的領導方式，闡明了量子型領導者的思維變革和心靈覺醒；(5)反思組織，闡明了量子型組織的新形態；(6)反思企業策略，闡明了量子策略的新思維；(7)從企業管理實踐出發，以人單合一、灰度管理哲學為例，對企業的量子管理實踐進行了闡述。

推薦序一

量子思考以高度關聯、不確定性、物我合一、動態複雜、系統性、潛在性、不可控性等為新的特徵。基於量子思考的管理正規化突破了牛頓式原子管理的局限性，在不確定性、複雜性的時代表現出了強大的生命力，主要展現在：

第一，整體和合。量子管理關注系統的與內在的關聯性，管理者、員工及組織的其他利益相關者猶如魚和水的關係。

第二，相容並蓄。量子管理尊重多樣性，多樣性的元素形成和諧的整體，從而推動組織向前發展。

第三，喚醒個體。每個員工都是富有潛能的存在，管理者需要實現從控制到喚醒的創新，授權給員工，激發其潛能，使其成為自驅動的個體。

第四，強調使命。量子管理強調使命驅動，組織需要尋找其存在的意義，明確其願景和目標，以使命感驅動組織成員。

本書由淺入深，化繁為簡，將高深的「量子理論、量子哲學」以及管理智慧轉變為通俗易懂的「管理語言」。除理論闡述外，作者還十分注重與企業實踐的結合，將企業管理的智慧用量子理論予以詮釋，增強了本書的易讀性。

閱讀本書將為讀者帶來至少兩點裨益，首先，可以讓企

業管理者領悟到管理的新思維。傳統管理者大多將員工視為孤立的個體，透過權威、控制的方式來提升組織管理的效率。然而，針對擁有豐富隱性知識的新時代的員工，管理者必須實施思維變革，才能將員工的潛能激發出來。管理者應採用量子思考，將員工視為擁有巨大潛能的「能量球」；管理者需實現管理職能的變革，由釋出命令者變革為量子領導者，變指令為支持與服務。其次，閱讀本書可以提升讀者的心靈維度。本書展現的不僅僅管理思維的革命，更是一場心靈的覺醒。正如杜拉克（Peter Drucker）先生所言，一個優秀的管理者，不是管理好被管理者，而是管理好自己，管理的使命是促進工作者的自我管理。作者從心出發，強調領導者要擺脫自尊的種種狹隘限制，遵循內心最高動機來行動，以此實現自我覺醒。

量子管理不僅是一場思維的變革之旅，更是一場心靈的覺醒之旅！閱讀此書，將助力您成為優秀的量子領導者。

謝永珍

企業管理研究所所長、教授 博士生指導教授

推薦序一

推薦序二

　　面對不確定環境下企業創新發展的需求，面對經濟發展的趨勢、企業管理的未來發展，對不確定環境下的管理理論和管理實踐創新，商業領袖必須做出深入的闡述和理解，未來商業的競爭也是管理思想的競爭。

　　新的管理思想的提出，對產業發展和經濟振興是非常重要的，本書的出版可謂恰逢其時。該書系統梳理和對照牛頓式管理和量子管理正規化的異同和變遷，將引發管理學界的創新思考，是非常有意義的嘗試。

　　管理學理論的發展是以泰勒（Frederick Winslow Taylor）的科學管理思想作為起點的，120多年來，大致經歷了三個階段，分別為科學管理理論：以泰勒、法約爾（Henri Fayol）、韋伯為代表；現代管理理論：被管理過程學派代表人物哈羅德・昆茲（Harold Koontz）稱為「行為科學學派及管理理論叢林階段」，行為科學學派以梅奧（Elton Mayo）、馬斯洛（Abraham Maslow）、赫茲伯格（Frederick Herzberg）、麥格雷戈（Douglas McGregor）等為代表人物；當代管理理論：其理論和代表人物分別為麥可・波特（Michael Porter），撰有《競爭策略》（*Competitive Strategy*）、麥可・漢默（Michael

推薦序二

Hammer）與詹姆斯・錢皮（James Champy），撰有《再造管理》（*Reengineering Management*），以及《第五項修練》（*The Fifth Discipline*）的作者彼得・聖吉（Peter Senge）。

隨著經濟和企業的發展，管理也經歷著變革，但在管理正規化上卻似乎還沒有本質上的突破和創新。辛傑教授的《當變化成為常態，告別KPI的量子管理新時代》一書，是一本系統闡述牛頓式管理和量子管理正規化變遷的創新之作，給予正在努力探索未來管理的管理學者和企業家很多啟發和思考。

物理學是一門自然科學，管理學則是一門應用（實踐）科學，與社會科學更為接近。1687年，牛頓發表了《自然哲學的數學原理》（*Philosophiae Naturalis Principia Mathematica*），點燃了人類科學認識宇宙的曙光。在牛頓的宇宙觀中，天地合一。地上的蘋果，天上的行星，都遵循簡單而普世的科學原理。但是，從天地合一到天人合一，從自然定律到社會法律，這種從自然科學到科學哲學觀的提升，卻經歷了一個漫長的過程，直至20世紀末，我們才逐漸有了牛頓式管理的提法和概念。量子管理在當時只是一種新的思維模式的萌芽和探索，散見在某些管理學者的論文和著作之間，但還非常小眾，尚未形成系統的論述。

量子力學和泰勒的「科學管理理論」幾乎產生在同一時

期（19 世紀末至 20 世紀初），但長久以來，卻基本沒有人以為它們之間有什麼直接或間接的關聯。歷史公認量子力學的誕生日為 1900 年 12 月 14 日，那一天普朗克（Max Planck）在德國物理學會的例會上進行了「論正常光譜中的能量分布」的報告，象徵著量子論誕生和新物理學革命宣告開始。在科學史上，從來沒有過一種理論像量子力學理論一樣對人類的思想產生這樣意義深遠的影響，也從來沒有過一種理論在預言這麼多不同種類的現象上取得了這樣引人注目的成功。

但是，量子力學自其誕生後的很長一段時間內還一直停留在科學家的書齋和實驗室裡，幾乎不為科學研究領域外的人所知，更不要說思考其與管理學的關聯了。究其原因，其一，它太過詭異，令科學家也感到不可捉摸。量子力學的創始人尼爾斯‧波耳曾經說過：「如果一個人沒有為量子力學而疑惑不解，那麼他就沒有真正理解量子力學。」其二，雖然量子力學的理論一再被實驗驗證，但其背後蘊涵的某些機理卻至今未能被揭開。

從普朗克於 1900 年提出量子論，到 1927 年量子力學基本確立，人們對宇宙和自然有了完全不同於牛頓世界觀的認知，主要涉及三點：其一，物質是不確定的。在接近光速和亞原子狀態，物質（粒子）具有「波粒二象性」，即既具有波

推薦序二

的特性，亦具有粒子的特性。其二，在量子力學領域，整體大於局部相加。其三在量子力學領域，非但牛頓機械論式的因果關係不存在，而且如果存在因果的話，也只是統計性因果論，並非確定意義上的。1979年，在普林斯頓紀念愛因斯坦（Albert Einstein）誕辰一百週年的專題討論會上，美國人約翰・惠勒（John Wheeler）提出了一個著名的「延遲選擇實驗」來論證這一點，對此，量子物理學界至今仍在討論中。

對於量子世界，我們所知道的實在太少了！

在1960年代之前，人們雖然也認為物理學對宇宙和自然規律的探尋和發現，可以上升到哲學的角度去思考和表述，但很少有人將其與管理學（或社會科學）相聯繫。時間進入21世紀，隨著網路的進一步普及和推廣，人類開始陷入迷茫：身處變化迅速，令人頭暈目眩、眼花撩亂的時代，人們如何能了解這個變化的時代並與之相適應。在這樣一個時代背景下，西方更多的跨域學者開始考慮物理學與管理學的關係，並認為可以利用科學哲學作為橋梁和紐帶，使管理學與物理學相互連結。

同時，現代物理和東方神祕主義哲學相關聯，可以讓我們將思考延伸至管理學領域！辛傑老師在文化方面是有很深造詣的，所以當學界以科學哲學為媒介和橋梁研究量子管理

的時候，辛老師就突顯出了他的優勢。

　　本書是量子管理百花園中一枝報春的紅梅，預示著奼紫嫣紅、百花齊放的盛景，隨著量子管理在實踐中展現出越發強大的魅力，越來越多的管理學者和企業家認同、接受並參與其中！

　　祝賀辛傑老師第一本量子管理新著問世，期待他在量子管理領域的耕耘結出更多碩果！

王慧中教授
周箴教授

推薦序二

前言

　　時代造就了不同的管理思維，牛頓開創的科學正規化深深影響了過去人類的發展，人類在過去150多年間許多進步都建立在牛頓物理學的基礎上，採用理性的原子論和還原論等方法來探索、實驗和建模。然而，當今社會正處於VUCA時代，即不穩定（Volatile）、不確定（Uncertain）、複雜（Complex）、模糊（Ambiguous）的時代，「黑天鵝」事件頻發，經營管理過程中突變現象時有發生，經營戰略變得難以預測。《基業長青》(*Built to Last*)中那些被譽為「高瞻遠矚、基業長青」的公司，20多年後僅剩下不到一半真正做到了基業長青，美國運通、摩托羅拉等公司先後跌下神壇，我們曾經試圖總結分析成功企業的確定性的優秀經驗，並將其奉為圭臬推而廣之，但卻往往經不起稍長一點時間的檢驗。以往表面上看起來井然有序的科層制組織結構難以適應快速變化的消費需求和提升管理效能的需求，平臺、微型創業等組織形式開始大行其道。知識經濟時代的到來使得員工追求人性的釋放和擁有更多的工作自由度，對他們是無法進行標準化管理和統一控制的。網路使得萬物互聯成為可能，在建設人類命運共同體的時代背景下，沒有一個個體會游離在時

前言

代之外，我們需要以「和合」價值觀來面對新的時代。

新的管理問題和矛盾的出現促使管理學界探求超越牛頓式管理的新正規化、新理論、新實踐。有人說：「這是一個量子管理學的時代。」大型集團的「人單合一」模式、去中心化、去威權管理、人人都是管理者、喚醒個人、自主經營、創業機制等都是量子式管理的典範。有的經營者將企業文化營運與量子物理學相連結，員工可以平等、公正地參與組織決策、決議而非組織機器上受控的、可被替換的某個部件，員工因為被尊重而受到激勵，從而釋放自主意識、愛和內在的潛能。此外，也有企業強調讓管理者站在第一線以及自我批判，稻盛和夫一直熱衷的「阿米巴經營」、事業部分拆、去 KPI 等都是量子管理思想的展現。

人生的根本意義在於提升意識能量的維度，《大學》云「物有本末，事有終始，知所先後，則近道矣」，一切學問，不過是為了分清事物的本末先後。現如今，我們往往捨本逐末，見不到根本，只追求枝葉，從而迷失了自性。十多年前，我從東方智慧中獲得了對原子、質子等的「子」的不一樣的認知，這個「子」是其大無外、其小無內的，其表現形式是資訊與能量的波動態即量子糾纏，這與近現代量子物理學理論有異曲同工之妙。我當時就朦朧地種下了一顆將量子物理學與管理研究相結合的種子。後來在不少管理學研究性

雜誌和實務類雜誌上看到些許量子管理、量子領導的文章，不少學者已經做了有益的探索性研究。尤其是在 2019 年所發表的數篇量子哲學、量子理論的研究論文，這些研究成果進一步啟發了我們的心智，並更堅定了我繼續做此研究的信心，部分拙作已經問世，如發表於 2020 年的《從原子管理到量子管理的正規化變遷》等。

儘管量子管理的重要意義已經開始受到廣泛關注，然而，其管理實踐與研究才剛起步，很多基本的理論問題需要界定和釐清，量子管理的內涵和延伸是什麼？從原子管理正規化到量子管理正規化變遷的內在動力是什麼？量子管理與傳統的基於牛頓思想的原子管理相比到底有著怎樣的區別和先進性？從原子管理到量子管理變遷的實踐路徑是什麼？帶著這些問題，我開始了這場充滿喜悅但又具有挑戰性的量子管理研究歷程。這個歷程也是自己「修心開智」的過程，它不僅僅是一種體驗式學習的方式，也包含了對活潑生命和萬事萬物的一種深深的敬畏，以及延展生命無限可能性的空間。人們渴望了解自己，渴望天性爆發，渴望打開心靈的無窮性。這些潛意識層面的開發不需要教導，只需要撞醒、激發和啟發！人各有性，各得其正，我們要自己覺醒上路。

能夠支撐一個學者為此究其一生、付出心血並快樂地享受，其中的動力是什麼？明心見性，一顆真誠的心是最有力

前言

量的。鐵肩擔道義，妙手著文章。寫出「驚天地、泣鬼神」文章的前提是學者的真誠與責任。對杜拉克先生有過深入了解的人都知道，他的學問來自對宇宙蒼生的責任和道義，對土地、文化、人類、歷史、人生都具有高度熱忱的關注，他在用身心真切地感受。擁有了真誠的內心和責任感，才有勇氣去質疑當下管理的不足，掌握管理的內在規律，關注整個社會的發展與健康，讓世界擁有更多的公正、美麗和機會，成為更美好、更宜人、更能持續發展的地方。

現代與非現代的管理學背後區別是管理學所管理的對象變換了根本的結構。量子管理學是全球最新的管理理論之一，目前仍然處在學科的萌芽期，現代管理學界還沒有建構出一套較為完整的理論體系，但是，這方面的研究與理論已經為傳統疲憊的管理學界帶來了巨大的觀念衝擊。我們生逢其時，要好好把握、悉心研究，結合企業實際管理情況，盡快把理論研究成果應用到管理實踐當中，幫助企業快速健康發展。

真正意義上的管理研究是指向未來的，是追尋終極關懷的。在反思與回歸中，管理研究學者需要給予企業管理、人生管理以及人類生存命運全面、整體和根本性的關懷。他們不僅要對當下的種種危機與困惑做出最深入、最徹底的思考和應對，而且要指向人類的終極目標和終極價值，從而從有

限走向無限，從短暫走向永恆，從對立走向整合，從肉體昇華到精神，從器物昇華到信仰，從此岸到達彼岸。基於這種終極價值的定位與關懷才能使他們朝著「終極目標」不斷地自覺追求，達到全面自由的研究和發展。

古人說「人磨墨，墨磨人」。你在磨墨的時候，墨也在磨你；你在養花的時候，花也在養你。寫書和教書的過程中受益最大的其實是自己，因此，在本書付梓之際，對養育我的父母，我親愛的家人，曾經拜訪、求教過的師長，相互幫助過的朋友和授課過的學生道聲感謝！感恩生命中有您，讓我們一起前行！因作者的學識能力所限，書中不可避免會出現不少錯誤，還望讀者朋友不吝指正。

前言

第 1 章

量子管理起點：我來自何處

第 1 章　量子管理起點：我來自何處

> ### 一、量子管理的時代背景 —— VUCA

當今社會正處於 VUCA 時代，即不穩定（Volatile）、不確定（Uncertain）、複雜（Complex）、模糊（Ambiguous）的時代，科技迅速發展，知識爆炸式成長，政治多極化、經濟全球化、形勢複雜化、未來預測模糊化、矛盾問題的不確定性等趨勢越來越明顯，這一切都深刻影響著現代管理的理念、模式、方法和途徑，對管理領域的理論和實踐都會帶來顛覆性的變革。以往表面上看起來井然有序的科層制組織結構難以適應快速變化的消費需求和提升管理效能的需求，平臺、微型創業等組織形式開始大行其道。知識經濟時代的到來使得員工追求人性的釋放和擁有更多的工作自由度，對他們是無法進行標準化管理和統一控制的。越來越多的企業正在遭遇這樣一個難題：過去宏大的十年規劃、五年規劃，甚至三年規劃，到今天突然不適用了 —— 它們面臨策略重啟。年初敲定的決策，到了年底發現並沒有實現多少，甚至出現大翻盤。網路使得萬物互聯成為可能，在建設人類命運共同體的大時代背景下，沒有一個個體會游離在時代之外，一成不變的組織架構在過去可以穩妥地運轉，但在今天的網

一、量子管理的時代背景—VUCA

路浪潮中，卻不再穩定……這一切都源於時代的更迭。管理進入了一個不確定的時代。

1. 當今的時代特徵

相比過往，當今的時代特徵表現在如下幾個方面：

(1) 人們之間的空間距離在縮短，交往速度在加快，傳統的區域壁壘、產業壁壘、企業壁壘隨之降低，甚至坍塌，不同區域、產業、企業間的關聯在加強，關係更緊密。

(2) 世界發展的不確定性和複雜性不斷加劇，使得人們面臨的局面和格局變得更加混沌和模糊，多樣性、多元化的格局使得世界整體的無序性在增強；從大方向的世界到個別企業，混沌和無序將會占據主導地位。

(3) 隨著知識經濟時代的到來，知識型員工成為企業的第一資源，是企業核心競爭的主力軍，對他們是無法進行標準化培養和統一控制的，他們有自己的思想意識和主張，他們希望有更多的自主權和自由度，由自己根據對市場和客戶的需求判斷做出行動的決定。知識的爆炸性成長和掌握了大量知識的不同個體的空前頻繁的往來，形成了一個巨大的由人、物、資訊構成的複雜龐大系統，為人類的創造性活動提供了無數大大小小的可能性空間。

023

第 1 章　量子管理起點：我來自何處

(4) 網路時代的到來，使得社會系統中的各個單元之間關聯性越來越強，人與人之間影響思考和行動的微妙關聯突破了地域、時間的限制，實現了全球的泛化網路連結，帶來了社會結構的深刻變化；由於網路時代的到來，人們的交往更為豐富、複雜和深入，形成了一個難以預料的全新世界。

(5) 組織結構會發生顛覆性的變革，企業內外，由於有了網路，人與人建立起了非正式的關聯管道，資訊和能量在時時刻刻流動著。企業再也不是以往可以被精確控制的機器，員工也不再像以前一樣受到自上而下的管控，橫向的聯動、無邊界的互動讓每個員工的自由度大大擴展。

(6) 傳統的階層管理及組織結構已經無法適應這種以混沌和無序為主要特徵的企業，追求穩定、秩序和可預測性，而排斥不穩定性和不可預測性的靜態而非動態的結構往往是許多企業夭折的一個重要原因，傳統的階層型的正三角組織結構已經不能適應既存在隨機性，也存在關聯性的個體流動和發展。

2. 消費者需求的四大趨勢

消費者需求的四大趨勢也在呼喚量子管理時代。

(1) 消費升級，新中產階級崛起，消費者需求層次提升。從吃飽到吃好、吃健康，從產品的使用價值到體驗價值，從低質低價到高質優價，要求組織更具有使命感和責任擔當、更具有創新潛能、擁有更高素養的人才和價值創造活力，才能真正為社會提供高品質的產品和服務。換句話說，組織不再是簡單地做生意、做買賣，而是要有使命驅動、事業驅動；組織不再靠低成本的勞動力優勢，而是要靠創新驅動。經濟發展到今天，已進入了一個高品質發展的時代。高品質發展時代的核心是組織更受使命驅動，真正靠人才、靠創新去驅動，真正為社會提供安全、環保、高品質的產品和服務。

(2) 消費者代際差異的擴大與消費者需求變化的加速。我們現在所面臨的消費者，尤其是「85後」、「95後」，都是數位時代的原住民，他們購物時基本是網路、實體兩線買，買任何一個東西也不再簡單地看牌子大不大，或者是價格低不低，他們要經過精細的對比。所以，這一代消費者是精明的消費者。要滿足消費者差異化以及客製化的需求，要求組織更簡單、更敏捷、管理程序更

第 1 章　量子管理起點：我來自何處

少、結構更扁平、決策鏈條更短、責任更下沉、權力更下放、員工自主性更強，使得組織觸角能夠延伸到市場終端、能夠接觸到消費者、能夠影響到消費者。傳統組織現在所面臨的問題就是離客戶太遠，人才被動工作。所以，作為企業，如何貼近客戶、洞悉客戶需求、快速回應客戶的需求，如何使得員工從「要我做」到「我要做」，是現在組織轉型必須要考慮的。

(3) 消費者主權意識崛起。購物社交化使口碑勝於一切。如今大量交易都在社交圈內進行，買一個東西就相互之間分享。所以，朋友的口碑、社交圈裡的分享，對產品購買的衝動影響越來越大。消費者對產品服務資訊的知情要求和購物的分享習慣，要求組織必須開放，打破組織的邊界和員工的邊界，內部員工和外部客戶必須跨域，身分要互換。在某種意義上，現在消費者要參與企業的研發、生產、銷售全過程。

(4) 現在的消費者是消費體驗至上。消費者的心理需求大於實際需求，消費者的價值訴求不再是簡單、單一的功能訴求和碎片化的價值訴求，而是整體化的感受價值和整體價值訴求。所以，情境體驗和參與式購買經驗，要求組織打破基於嚴格分工的功能性組織結構。為什麼現在越來越強調組織要跨團隊、跨職能協作？因為組織要整

合產業資源，其實就是要透過產業資源的整合，透過組織內部的自主協作機制，改善消費者的情境體驗與參與式購物體驗，這就要求打造平臺化組織。為什麼現在要建構新的組織生態？因為組織要從過去的垂直結構過渡到建構「平臺化＋自主經營體＋生態化」結構，這也是消費者需求的變化。

3. 人才需求的四大變化

人才需求的四大變化呼喚量子管理時代。

(1) 人才變了。知識型員工成為價值創造的主體，擁有了更多剩餘價值的索取權和話語權。人才一旦變成企業價值創造的主體，至少會發生兩個變化：一是對組織的治理提出全新的要求，要參與企業的經營決策；二是對剩餘價值的索取。現在，要透過人力資本的創新，要透過事業合夥機制，達成人力資本和貨幣資本共同治理。為什麼現在事業合夥制特別熱門？其實就是為了適應知識型員工已經成為企業價值創造的主體這一現實，使得人力資本和貨幣資本之間不再是單一的僱傭關係，而是事業合作夥伴關係。

第 1 章　量子管理起點：我來自何處

(2) 個體力量的崛起。有了網路，個體的力量改變了組織和人之間的關係。企業的核心人才主要有三類：一是經營天才。一定要尋找到具有經營意識的天才，尤其是在網路時代，對 AI 有敏感性，對未來的趨勢有洞見的人，就是領軍的經營人才或者經營天才。二是技術創新天才。一個技術創新天才可以抵一萬個普通員工，一個天才可以點燃整個組織，也可以顛覆整個組織。三是高潛能人才，可培養、可學習，學習能力、可塑性、執行能力都很強。這三種新型人才在網路時代能夠藉助於網路、共享經濟，突出表現自身的價值。過去，組織大於個人；現在，某種意義上講，個人創新有時候會大於組織。組織為什麼現在要突出無中心化、去中心化？其實就是因為某一個個體的創新可能會點燃整個組織、引爆整個組織。所以，中心不是確定的，組織的核心不再是確定的。

(3) 萬物連結創新人的組織與勞動價值創造方式，創新人的溝通與組織協作機制。數位化、網路與人工智慧，使人的勞動價值創造方式與協作方式發生了革命性的變化。為什麼現在企業可以達成「平臺化＋分散式」的作業？就是因為有了網路、人工智慧。

(4) 隨著人才需求層次和參與感的提升，人才對自主個性的尊重、機會的提供、強化與發展空間的需求越來越強烈。所以，在當前企業，尤其是在很多創新企業中提出了「四個更」：一是創造更寬鬆的環境，讓員工能夠更加自主地創造價值；二是賦予更激動人心的工作意義，讓員工有使命感，覺得做這件事不單是為了錢，而是具有更重要的生命意義和價值；三是讓員工有更新異的創造技能，我們現在所面臨的問題是很多員工的技能和知識結構已經不能滿足新的商業模式和客戶價值需求，所以，員工的知識結構、技能結構需要跨域融合，才能提升員工的綜合作戰能力，這就需要員工有更新異的創造技能；四是要為員工提供更好的工作情境及經驗。

4. 組織管理的四大主題

組織管理的四大主題呼喚量子管理時代。

(1) 讓員工快樂地勞動、快樂地奮鬥。要創造工作情境的正向感受，而且要讓員工將工作場所的正向感受與客戶感受相互連結，這是現在最重要的。企業要創造的新的消費情境並不是單一的客戶情境，要讓員工在其中也獲得一種正向的工作感受，連結員工的工作感受與顧客感

第 1 章　量子管理起點：我來自何處

受。換句話說，員工的感受和客戶的感受要融為一體，只有員工的感受和客戶的感受融為一體，才能真正為客戶提供正向的情境感受。所以，員工的工作情境的正向感受與客戶感受的相連，是我們現在考慮客戶情境創新很重要的一個組成部分，也是當前組織發展的主題。

(2) 整個組織要開放、無邊界。打破過去的科層制組織，只有開放協作、自動協作的組織，才能讓員工想做。要為員工提供一個想做、能做的環境，並激發員工的組織活力，組織就必須是開放、協作性的，不再是封閉式的、金字塔式的，這就要對組織進行變革。在企業內部，強調劃小責任區、倒三角的組織變革，在某種意義上，都是要激發人的活力，激發人的價值創造效能。

(3) 尊重個體力量，啟發潛能，促進成長。現在的組織運作大多是權力導向的，決策重心過高，程序繁複，難以開發員工個體，因此需要圍繞著開發員工的價值創造、開發個體來進行改進。所謂開發個體，就是讓員工有使命感，透過使命連結、願景驅動。

(4) 未來的組織更輕、更簡單。未來的組織變革面臨「五個去」趨勢，即去中介化：縮減中間層，降低組織決策重心，減少管理層級，打造扁平化、平臺化、強化自主運作型的組織；去邊界化：拆掉企業牆，拆掉內部流程和

部門牆,真正實現跨域,形成生態交融體系;去戒律化:破除各類清規戒律,充分信任員工,真正讓員工主動承擔責任,具有工作自主性;去威權化:領導就是提升能力,不再是單一的指揮、命令、控制;去中心化:企業的中心是動態變化的,組織的中心、重心會根據外部的變化、客戶價值創造能階的大小,不斷進行調整。

5. 數位化、人工智慧

數位化、人工智慧呼喚量子管理時代。技術發展到今天,進入一個數位化、網路、人工智慧的發展時代,這個時代最突出的特點是重構了人與組織之間的關係。未來,對組織變化最大的影響因素是數位化與數位經濟。數位驅動真正實現了虛擬、實體的高度融合,透過數位化可實現數位化的商業情境,以智慧商業引領組織的發展。數位化時代,企業面臨的最大問題就是如何進行數位化轉型,提升競爭力。數位化不僅僅是一種技術革命,更重要的是一種思考方式、認知方式的革命。未來的需求將透過數位化來表達、傳遞,未來的人才供應鏈也將實現組織策略業務數位化與人才數位化的連結與互動;未來人的能力的發展也是數位化的,包含數位化的經營與管理的意識、數位化的知識體系與任職資格。

第 1 章　量子管理起點：我來自何處

數位化的工作技能、數位化的溝通與協作能力、數位化的文化與數位化的倫理道德行為、數位化的領導力、數位化的人力資源管理平臺、數位化的價值創造過程與成果的數位化含量等，對我們都將構成全新的挑戰。

現代化企業要把數位帶入每個人，每個家庭，每個組織，透過技術創新與客戶需求雙重驅動，使產業數位轉型。未來的業務重點就是萬物互聯、萬物感知、萬物智慧這三個要素。大家可以看到，許多硬體廠商在往虛擬走，而線上服務商則在往實體走，現在已經成為一種新的趨勢。

有傳統企業也提出要建構高效數位化的經營新生態，其實就是要透過數位化來打通整個產業價值鏈，從生產的數位化、產品流向的數位化到物流管理的數位化再到採購數位化和銷售市場的數位化，圍繞客戶、消費者來實現數位化的轉型。數位化不再只是資訊的數位化，而是運用多種 IT 技術蒐集完整流程的大數據，實現從產品製造到物流再到銷售的全程數位化。透過大數據來實現決策，形成生態鏈的互動模式，提升整個企業的管控效率。企業只要實現了數位化，組織一定會扁平化。

新的管理問題和矛盾的出現使得管理學界開始探求超越牛頓式管理的新正規化、新理論。量子論告訴我們，系統行為是無法預測的，1970 年代出現的混沌理論也給了我們一

一、量子管理的時代背景—VUCA

個啟示:管理中的不確定性來自世界混沌的本質,就像經濟、政治、技術的不確定性,都根植於一個更基本的不確定性,即事物本性的不確定性和對未來世界的不確定性。企業家如何重新面對未知的、複雜的和不確定的未來?不確定的時代,傳統的管理正規化如何變遷?在企業裡,個人和組織的關係又如何被重構?面對這些新變化、新問題、新矛盾,全世界管理學界的專家學者、各國企業家和CEO都在積極尋找解決這些問題的實踐模式、方法和途徑,開拓和建構新的現代管理理論。先進國家的管理學家、哲學家和企業家早在20世紀就開始了探索的旅程,初步形成了一些觀點和思路。1990年代,哈默(Michael Hammer)、彼得·聖吉(Peter Senge)等管理大師提出,在充滿不確定性的資訊化時代,企業必須改變管理思維,管理者只需告訴下屬要達到什麼目標,提供實現目標的資源和條件,然後充分授權即可。2015年前後,研究範圍跨越量子力學、哲學和心理學等多個領域的牛津大學教授丹娜·佐哈首次提出量子管理學概念,她認為自上而下的科層管理已經成為頑疾,提出「由下而上」的量子組織構想並提出量子式管理的特徵,如應訴諸整體而非個體、關係而非分立、多樣性而非單一性、複雜性而非線性、兼容並蓄而非非此即彼等。事實上,放眼今天的世界,也並不難看到跟佐哈所描述的情形類似的組織,大多數著名

第 1 章　量子管理起點：我來自何處

的網路企業如臉書、亞馬遜、Google、蘋果等，它們的領導者在思考方式上，都堪秤量子領導者。他們尊重不確定性，並且能夠巧用這種不確定性來拓展自己事業的疆域。

二、量子管理的奠基者

　　丹娜・佐哈是「量子管理」的奠基人,被稱為融合東西方智慧的當代管理思想家,被《金融時報》(*Financial Times*)譽為「當今世界偉大的管理思想家」。她在麻省理工學院獲得物理學和哲學學位,後在哈佛大學獲得哲學、宗教及心理學碩士及博士學位。丹娜・佐哈1945年生於美國,目前定居英國牛津。她在牛津大學格林坦普頓學院及牛津布魯克斯大學教授企業領導相關課程,還擁有一家管理顧問公司。她將量子物理學引入人類意識、心理學和組織領域,著有《量子自我》(*The Quantum Self*)、《量子社會》(*The Quantum Society*)、《重塑企業大腦》(*ReWiring the Corporate Brain*)、《魂商》(*SQ: Connecting With Our Spiritual Intelligence*)等暢銷書。世界著名量子物理學家、前瞻思想家、理論物理學教授戴維・玻姆(David Joseph Bohm)對丹娜・佐哈評價道:「丹娜・佐哈不但對現代物理學與意識做了成功的整合,也對現代物理學與社會和宇宙環境中的人類個性做了成功的整合。」《第五項修練》(*The Fifth Discipline*)作者、麻省理工學院組織學習中心主任、世界管理大師彼得・聖吉對丹娜・佐哈評價道:「利用多年的職場經驗,佐哈形成了一種關於

第 1 章　量子管理起點：我來自何處

組織的思考方式，它能夠潛在地應對當今的核心挑戰——透過創造一種不破壞社會和自然資本的共同生活方式來創造物質資本。」

丹娜・佐哈所著的《量子領導者：商業思維和實踐的革命》(*The Quantum Leader: A revolution in business thinking and practice*)一書讓人耳目一新。作者一改經濟學界、管理學界理論創新的常規做法，引入量子世界觀，強調整體而非部分，強調關聯而非分離，強呼叫多重視角來看待問題、用多種方法來解決問題而非一條路走到底，強調問題而非答案，強調複雜性而非簡單化。《量子領導者》一書提出，量子組織具有整體性（全球化背景下，中等以上規模的企業需要適應全球各地市場或社會環境的變化，靈活做出反應，這要求企業具有靈活性，主動適應各類生態環境，主動建構與各類環境進行溝通對話的基礎架構）；量子組織能夠應對不確定性（量子組織的基礎架構具備波粒二象性，如同可移動的牆一般，能夠進行靈活的調整和部署，組織體系之內既有競爭性又有密切合作）；量子組織是由下而上，在多元化中成長的（綜合不同層次責任、適應各式教育、專業和職能背景的人，建立起相應的組織架構，有助於權力和決策下放），能夠經常性地「即興演奏」，具有趣味性，能夠讓人沉浸其中並激發出創造性。量子思考具有和線性思考完全不同

二、量子管理的奠基者

的七大基本原則:整體論、非決定論、湧現性、相容性、潛在性、參與性和公私融合性。《量子領導者》一書分別評析了西方和東方的管理思想。丹娜・佐哈認為,西方國家深陷各種經濟、政治「危機」,正是缺乏量子思考所導致;而中國,以東方的智慧結合西方的思維,將有更加明媚的未來。她提出的「由下而上的自組織」是大勢所趨,充分發揮員工的創新精神,整個企業才能充滿創造力,才能領先一步,獲得長久發展!她提出的「服務型管理」口號,號召企業領導者告別高高在上的姿態,以僕人的心態來做管理。幫助他人,成就自己。服務型的商業領袖,不僅為股東、員工、客戶服務,也為集體、地球、人性、未來服務!丹娜・佐哈融合東西方智慧,深入剖析了為什麼傳統商業系統如今不再奏效,對比了牛頓式管理和量子管理模式的優劣,並提出了企業引入量子變革、建構量子管理系統的原則和路徑。丹娜・佐哈認為,量子科學與東西方管理思想的結合,旨在結合東西方的管理優勢,更好地遵循量子化的技術和社會變化方式,同時也更符合人類大腦活動特性。量子系統既是粒子態的,也是波形的,同時具有個體屬性和群體屬性,由此形成的量子管理體系,具有很強的兼容並蓄的特徵,能夠有效整合工作與生活,支持員工在私人與公共自我之間取得平衡。量子管理體系也是自組織化的,透過建構靈活的組織體系來

第 1 章　量子管理起點：我來自何處

適應變化,快速做出反應。

　　佐哈從量子時代該如何對答哲學四大終極問題出發,建構量子時代的商業思維,其中提到只有轉換了思維的「正規化」才能把自己提升到更高的層次;重啟大腦意味著先得認清大腦的「智力」、「心臟」和「靈魂」,這其實分別對應著線性思考、聯想思考和量子思考,分別也是常說的左腦思維、右腦思維和全腦思維,佐哈主張:「企業需要新的量子管理思維,『由下而上』地為公司注入源源不斷的動力。」她對具備「量子」特性的領導者和組織應該具備的特質進行了深入的描繪,完全顛覆了牛頓管理體系帶給我們的認知,她認為西方近代以來推行的主流管理體系是牛頓式的,具有代表性的是泰勒(Frederick Winslow Taylor)的科學管理理論。所有的西方牛頓式組織模型都假設組織內獨立的組成部分必須或需要在一定程度上透過普遍規則和集中控制緊密相連,以目標為導向,這無法適應越來越高的複雜性、適應性和成長性。在這樣的管理體系下,商業組織不被視為是生命,而是機器,甚至每個鮮活的人,也被要求剝離個性,而必須按照要求達到標準。依照丹娜‧佐哈的分析,牛頓式組織的優點在於依照標準契約行事,從而排除了部分風險,但最大的弊病也在於此,契約無法也不可能加入對於個體特質和人格的考量,從而不可避免地會導致投機主義和道德風險。在作者

二、量子管理的奠基者

眼中,牛頓式的領導者更擅長使用自己的左腦,重視線性思考,而量子領導者則使用整個大腦工作,不僅重視邏輯思維,還需要打破常規,做出創新。人固然是物理世界的一部分,但人在本質上卻是一個量子體系,而身為量子領導者,應該具有兼容並蓄的特徵,強調「我身在自然,自然在我身」。同時,量子領導者的自我又具有極大的開放性,與我們平時的想像不同,作者認為,量子領導者自身甚至是沒有明確邊界的,或者說,邊界處在不斷變化之中,是自由的,是自我的選擇創造了世界和自我周邊的一切。並且,量子自我還愛發問,而答案則蘊藏在問題本身之中。此外,量子自我還充滿了人生的意義、願景和價值觀。

第 1 章　量子管理起點：我來自何處

三、牛頓式管理過時了嗎

　　科學巨匠牛頓以及與他同一時代的其他一些偉大的科學家開創了機械式的宇宙觀，深深影響了過去人類的發展。牛頓思想的產生可溯源至 16 世紀，哥白尼（Nicolaus Copernicus）提出的「地動說」替代了盛行一時的「天動說」，他的觀點被克卜勒（Johannes Kepler）、伽利略（Galileo Galilei）以及 17 世紀的牛頓等人加以發展和完善。牛頓在《自然哲學的數學原理》中，以數學公式為依據，解開了古老的天體運動之謎，形成了全新的「世界體系」，數學化、量化了自然規律，形成了一種統治西方思想的哲學世界觀，我們可以稱之為牛頓世界觀。這種世界觀認為整個世界是勻速、線性地運行的，組成世界的各個部分都是相互分立的，並且是機械式地彼此相連，它們的運作不存在任何的不確定性，也就是說「世界是可測量的」。它的思想核心是客觀、精確、機械的數學模式，笛卡兒（René Descartes）甚至認為全部自然知識等同於數學知識。這種倚仗客觀的、數學的方式去了解自然現象的方法，在許多科學領域中得到採用，並且在 19 世紀馬克士威（James Clerk Maxwell）的研究理論中達到了巔峰。那時的科學家認為所有的物理學現象都可以透過牛頓力

三、牛頓式管理過時了嗎

學和馬克士威電磁波理論加以描述,他們甚至覺得絕大多數自然界的基本規律都已經被發現,並且幾乎所有的自然現象都遵循這些規律。牛頓思想認為,世界由「原子」所構成,原子和原子就像一顆顆撞球一樣彼此獨立,即使碰撞一起也會立即彈開,所以不會造成特殊的變化。牛頓指出,人們可以依靠自己的觀察,根據科學的方法來探索和了解世界,牛頓三大定律可以以科學解釋整個世界。

近 300 年來,牛頓力學讓自然科學的發展突飛猛進,使得人們相信牛頓的科學思想同樣能夠適用於社會領域。統治物理學長達 300 多年的牛頓物理學就形成了牛頓哲學觀及其思考模式,牛頓思想成了現代西方正規化的基礎,這之後的幾個世紀裡,機械式的世界觀影響了包括經濟學、管理學、社會學、心理學、醫學、教育學在內的許多學科。如泰勒提升管理效率的一大實驗、醫生把人的身體視為許多分散部分的組合、教師把知識分成許多獨立的學科、亞當斯密(Adam Smith)第一次把分工原則引進企業管理、社會學把個體視為社會中的基本原子、佛洛伊德(Sigmund Freud)以原子論作為他現代心理學的基礎等。時至今日,「牛頓式」心理學、「牛頓式」醫學、「牛頓式」管理學充斥了整個西方世界,我們所篤行的很多管理理論,也是基於這樣的觀念前提之上的。

第 1 章　量子管理起點：我來自何處

　　管理學是一門研究人與組織關係的學科，不同的管理思想背後其實是對世界不同的認知。在大規模工業化時代，亞當斯密將牛頓式思考模式運用到經濟學領域，取得了巨大的成功。1911 年泰勒把這種思想引入企業管理並出版了《科學管理原則》(The Principles of Scientific Management)，開啟了科學管理時代。泰勒的科學管理理論認為：企業及其管理就像一臺設計精巧、平穩運作的機器，其因果關係簡單、線性、明晰，從而為規則的、可預測的企業發展軌跡提供了前提。這臺機器在自然法則機械化的、確定的理性軌道上運作，是一臺至少理論上我們可以完全控制的機器，一旦確立了初始運作條件，一切就都是確定了的。這種思考方式把每個人當作標準化的零組件，規定動作、控制意外、組裝成一部精密運轉的組織機器、獲得穩定可靠的結果，也成為一代代管理者不懈的追求。嚴格來說，泰勒的科學管理理論基於機械世界觀，基於牛頓正規化，這一正規化最重要的特徵是：它的確定性表現在只需要明確初始條件，我們就可以推知企業的後續狀態，未來是完全顯著無疑的，沒有什麼東西是不確定的。20 世紀的企業廠房裡比較常見的工作狀態是員工一切都依照主管的命令去做、完成月度指標。工業時代傑出的代表企業往往運用傳統的科學管理思想，擁有穩定而又略顯機械化的管理模式，企業的競爭力主要來自規模

三、牛頓式管理過時了嗎

化和生產效率,其工作只有經過標準化訓練的產業工人才能勝任。

牛頓式管理的組織代表是科層制,這是被稱為組織理論之父的德國人馬克斯・韋伯提出來的。諾貝爾獎得主寇斯(Ronald Coase)在 1937 年寫了一篇文章:〈企業的性質〉,他認為之所以要有企業,就是為了降低交易成本,因此企業內部不可以有交易,由此確定企業是有邊界的。以牛頓式思維看企業,企業就是一個科層制控制系統,企業管理模式是生產線加科層制,員工和其他資源則成為控制系統下的部件(類似原子),部件之間的樸素相加規律(1+1=2)構成了系統的全部:部件運轉良好,系統就可以穩定。受牛頓思想影響,過去工業時代的管理透過規則和定律來固化企業的一切行為,消除了變化和不確定性。但事實上,企業面臨的外部環境是變化萬千的,市場也是難以預測的。而企業原本就不是一個固定不變的堡壘,反而是一個動態組織。根據牛頓理論,宇宙就像一個上了發條的機器,一切事物的運作都由三條簡單的鐵律決定,因此所有的事情都是確定的、可預測的。它建立在絕對性之上,它認為想法和觀察者對物理世界中一切事物的創造和執行毫無影響,物質是客觀而真實的存在。

牛頓思想在一定時空範圍內是有效的,但超越了一定的

第1章 量子管理起點:我來自何處

時空界限則會顯現出其局限性。在一定的條件下,一個確定性系統也會表現出不確定性的行為,即無法預測的、隨機的行為。經過百年歷練,我們看到企業規模越來越龐大、組織越來越複雜、流程越來越冗長、考核項目越來越精細,這些複雜無比的機器雖然帶來了工業經濟的繁榮,但在資訊經濟時代卻越來越力不從心。進入後工業時代,世界的不確定性、複雜性和企業本身的預測控制本能要求企業有更加靈活的應對複雜環境的思考模式。面對紛繁複雜、變化萬千的當今世界,不少企業依然秉承以牛頓式科學管理為代表的傳統管理模式,將員工視作被動的管控對象,公司想方設法地降低這一資源的成本,將他們劃分在不同的勞動環節上,然後命令他們最大化地產出。管理者慢慢發現在傳統的金字塔式組織結構中,企業發展需要員工主動發揮創造力、創新精神,但這又與牛頓思想下的管理正規化產生了矛盾,尤其是隨著網路技術的顛覆式發展,這種矛盾更加突出。

在工業文明時代,人類要征服和研究的對象主要是自然界,特別是整體的物質對象。在這個時期,人類運用勞動對象(土地、植物、礦產、鋼鐵、機器等)自身的規律來開發和改造大自然,取得了足以自豪的成就。相對來說,經典物理學和牛頓思想比較適應這個時期的實踐。在工業化文明的過程中,每一個人不知不覺都受到牛頓物理思想的影響,在

三、牛頓式管理過時了嗎

這種「牛頓思考方式」中，人們確信事物的發展是一個不斷累積、循序漸進的過程；發展前景是可以預測的，給定一個初始條件，就可以依據某種規律，計算出一個物體在任何一個時刻的狀態，乃至世界某一刻的狀態。資訊文明時代是一個後工業文明時代，我們面臨的更多的是複雜性、系統性的人，其客觀化表現形式更多的是「資訊」或「知識」。這完全不同於工業文明時期的對象。它看不見、摸不到，物質性極弱，它的最大特徵是波動、跳躍、速度變化快、不可預測、不確定性。傳統的組織正規化都被網路顛覆了，網路帶來的是與使用者之間的零距離，它是去中心化，去中介化的，也一定是分散式的。而且現在資訊是對稱的，資訊對稱的情況下，企業是沒有邊界的。瞬息萬變的時代，顛覆與創新幾乎每天都會出現在我們眼前，變革與淘汰成了常態。沒有任何一種業態、模式可以高枕無憂，只有緊跟形勢發展，順應時代需求不斷創新變革的企業才能引領潮流，走向成功。在創新驅動和網路的影響下，組織的意義在於最大限度地激發知識員工的活力，激發組織創新的動力，因此要強調非線性、突破、瞬間和自組織，這與牛頓思想所重視的定律、秩序、規則和控制不可避免地產生了衝突。

與此同時，學術界在面對管理實踐中的問題時也仍然大量延續著牛頓機械式邏輯，試圖引入更為精密的數學工具，

第 1 章　量子管理起點：我來自何處

建構更加複雜的模型，透過精妙運算來操控這個更加複雜和混亂的經濟世界。由此帶來的兩個突出後果是，經濟學和管理學研究越來越接近於模型分析甚至純數學研究，距離管理實踐越來越遠，不能解答直接的經濟或管理問題；基於模型和演算法實施的經濟政策、管理政策，帶有很強的局限性，這恰恰是數次金融危機以及許多產業企業頻現危機的根本原因所在。在 21 世紀資訊文明時代，人類的思考方式要經歷一次根本性的轉變，要從牛頓式思維轉為量子式思維方式，才能真正符合新時代的需求。

四、量子管理呼之欲出

　　20世紀初,量子物理學興起,用於探索宇宙的起源與執行,因此誕生了一門全新的物理科學 —— 量子物理學。伴隨量子力學產生的量子思考超越了由牛頓力學產生的重視確定性、秩序和可控性的牛頓式思想,轉而重視的是不確定性、潛力和機會,強調動態、變遷。它主張世界是由能量球(energy balls)所組成,能量球碰撞時不會彈開,反而會融合為一,不同的能量也因此產生難以預測的組合變化,衍生出各式各樣的新事物,蘊含著強大的潛在力量。所有物質都呈顆粒狀和波狀,區別是:經典物理學認為粒就是「純粒」,波就是「純波動」,而量子物理提出「波粒二象性」,也就是說,物質既可以是「粒」,也可以是「波」。德國物理學家海森堡(Werner Heisenberg)根據基本粒子的特性,提出了著名的「不確定性原理」,指出基本粒子的成對物理量不可能同時具有確定的數值。例如,位置與動量、方位角與角動量,二者之中,一個越是確定,則另一個越足不確定 —— 即不可能有一種方法,同時將兩者都測定。包括海森堡在內的1920年代的諸多科學家們,像丹麥的波耳(Niels Bohr)、英國的狄拉克(Paul Dirac)、奧地利的薛丁格

第 1 章　量子管理起點：我來自何處

（Erwin Schrödinger）、法國的德布羅意（Louis de Broglie）等，透過對「波粒二象性」、「不確定性原理」、「機率幅」、「電子自旋」、「非局部作用」，以及關於「能量場」、「全像場」等方面的研究，建立了與牛頓經典物理學相對立的量子物理學，終結了牛頓經典物理學唯我獨尊的狀態，揭示了量子層次物質世界運動的本質與規律。

絕對時間、絕對空間、絕對質量的觀念桎梏了物理學長達兩百年之久，直到愛因斯坦逐步提出了「狹義相對論」和「廣義相對論」，才使量子理論突破了所謂機械論、決定論和還原論的庇護。上帝不是一個鐘錶匠，他所創造的世界不像一個永遠不會出差錯的鐘錶一樣準確運作，宇宙中的事物充滿了跳躍性、偶然性和不確定性。人們甚至無法同時測量基本粒子的位置和動能，一個粒子可以同時處於兩種狀態，呈現「量子態」；人們看到的不一定是真實的，只是一種「機率」……如同夏蟲不可語冰，我們的認知和判斷也是相對的，量子物理學跨越了從絕對思維到相對思維的鴻溝，找到了另一種理解世界的方式，對人們的思維模式帶來了巨大的衝擊。世界很多變化往往是不連續的、跳躍式的，一個偶然的突變或事件也可能改變世界。不是任何事件都能夠呈現方程般完美的推導求解，因果關係呈現「糾纏態」，不同因素可能互為因果或因果可逆。量子思考讓人們擺脫確定性思維

四、量子管理呼之欲出

的束縛,意識到我們眼中的很多東西都只是觀察後的一個「機率」,觀察者不僅能夠呈現事物,而且能夠影響「薛丁格的貓」之生死。幾十年以來,複雜性研究有了極大的進展,科學家已經揭示,以生命、自然、社會系統等複雜自適應系統為例,非線性、不可預測性是這些系統的基本特徵,試圖精巧地管控風險、避免不確定性不僅是徒勞的,而且很可能主動招致毀滅性後果。量子理論從建立到現在已經有 100 多年,從超流體、超導體、量子通訊到量子計算都和量子理論與技術的發展有關,量子物理學涵蓋的研究對象和內容遠遠超出了物理學這門學科的範圍,它實際上已經成為一種帶有世界觀性質的更普遍的理論和思考方式。1950 年,物理學家玻姆發現量子過程和人的思想過程極為相似。以量子思考方式看來:在以人為主體的資訊社會中,帶有波動性和跳躍性的事物是不連續的、非漸進的;事物與事物之間的因果關係是異常複雜的;事物發展的前景是不可精確預測的。在傳統的經典物理學體系下,人主要是被動的,有著根本上的宿命性,只能聽命於、適應於自然界的規律;不能超越規律去思考。在資訊化時代,你的測量、你的操作、你的生命活動本身,就在改變著結果。人具有主導、決定性的作用。

量子理論認為我們所處的宇宙是一個糾纏的宇宙,所有事物都微妙地相互連結,你中有我,我中有你,事物之間的

第1章 量子管理起點：我來自何處

關聯總是同步發展的，缺乏一個明顯的訊號，而事物運作的模式則展現出一定的內在順序。我們生活在一個「參與性」的宇宙之中，作為有意識的觀察者參與了對現實的創造，我們不僅對自身的行為，更對世界本身都負有責任。量子思考方式滲透到各個學科領域的研究當中，並有可能對各個學科領域的研究乃整個社會產生全新的影響和深刻的啟示。量子物理與生命科學等新興學科正產生融合發展的態勢，一些學者透過研究證實，不但自然世界、人體運轉，而且社會活動相當程度上也遵循量子定律，在短期和中期會創造較多的不確定性。量子世界觀認為世界是「不確定和複雜的」，「事物因觀測方法的不同呈現方式也不同」，「提出的問題決定了答案」。這對深受牛頓世界觀影響的我們形成了巨大的衝擊。

物理學的研究對象是自然界，探索的是自然界物質轉變的知識，並做出規律性的總結；管理學的研究對象是社會人，是研究人與自然、與社會的關係及其發展變化的規律，而人對自然界的認知會上升成為宇宙觀和哲學觀，在此處量子物理與管理學高度融合。過去的管理思想，是透過固化人的行為，盡可能消除不確定性，但事實上，世界本身是變化萬千又普遍關聯的，市場是難以預測的，兵法上說「兵無常勢，水無常形」正是這個道理，這要求我們的管理者隨時做到具體問題具體分析，根據客觀環境的變化隨時做出決策上

四、量子管理呼之欲出

的調整,這和權變理論殊途同歸。不經意間消費者的消費習慣就變了、銷售管道變了、競爭對手變了(突然空降一個「頂尖殺手」)、產品的生命週期變了。唯一確定不變的就是變。組織在外部多變的、不確定的環境中生存需要變革。隨著生產力的發展,人的主觀能動性得到了更多發揮的機會;隨著網路時代的到來,人與人之間的想法、知識的交流更加頻繁、便捷,這些都使非理性、不確定性廣泛存在於組織的經營實踐中。

量子論告訴我們,複雜系統的行為是無法預測的,1970年代出現的混沌理論也給了我們這樣的啟示。管理中的不確定性來自世界混沌的本質,因此我們很難依靠傳統的管理理論來獲得成功,而應該從量子理論中獲得啟發,並探索和建立起一套嶄新的管理方法和模式。

在我們身處的網路時代,整個經濟生活和社會生活發生了翻天覆地的變化,從根本上改變了人們的生存和生活狀態,其影響波及社會各個領域。今天,不確定性和跨域、自組織、創新驅動一起,成為企業管理命題中的關鍵字。在這樣的一種趨勢下,無論是在企業管理實踐中,還是在理論研究探討方面,對人與社會、人與組織的認知都在發生深刻的變化。網路讓原本相互獨立的人、企業、事物之間產生了關聯,形成了一張連結全社會的網路,每個人、每個企業都是

第 1 章　量子管理起點：我來自何處

這張網路上的一個點，每天發生的事件、行為又在這張網路上不斷地增加新的連結。在這樣一個網路時代，若仍然使用傳統科學管理，強調集權，員工只需聽令行事、不得有意見，企業必將陷入困境，這就是很多大企業在網路時代受到猛烈衝擊的原因。傳統企業要實現網路化轉型，業務轉變是遠遠不夠的，管理思想的轉變尤為重要，企業需要新的量子管理思想，放手讓員工去創新、去發揮創意，「由下而上」地為公司注入源源不斷的動力，這樣才能在競爭與挑戰十分激烈的網路時代適應、存活與發展。量子管理學注重的不再是單一主體，而是相互間的關聯，相比科學管理注重透過規範個體行為以達到控制整體的目的，量子管理看重的是事物的整體性和內在的關聯性。

無論是商界還是其他領域的領導者，都需要從根本上重構思考方式，以應對充滿未知、複雜性和不確定性的未來。量子時代充滿了不確定性，無章可循，那些只強調規律、穩定的牛頓式思維已難再使用。那麼，我們不禁要追問一系列的問題，未來的企業管理如何應對複雜性、不確定性？背後的理論基礎到底是什麼？傳統的以科層制管理為核心的組織與管理機制如何應對全新的管理挑戰？要不要改革？要怎樣改革？組織越來越扁平化、組織越來越小型化、組織越來越跨域和越來越尊重個體的力量，組織越來越重視探索如何去

四、量子管理呼之欲出

提升人的價值,如何去透過連結來集聚人的能量?來釋放人的能量?量子思考催生的新的組織以及組織與個體之間的關係如何用新的理論來進行詮釋?我們的目的並不是去研究量子科學本身,以及它與管理的關係,我們只是試圖打破認知局限,跳出工業時代的理論框架,用量子理論的基本原理和量子思考去看待後工業時代的管理問題與發展趨勢。

第 1 章　量子管理起點：我來自何處

第 2 章
量子管理的理論基礎：我是誰

第 2 章　量子管理的理論基礎：我是誰

一、經典科學與原子物理

　　經典科學是指自 16 世紀以來建立在牛頓經典力學基礎上，以機械唯物主義自然觀為特徵的、以機械還原論為正規化基礎的科學體系。尼古拉·哥白尼提出了「日心說」，開始向盛行一時的「天動說」發起挑戰，他的觀點被克卜勒、伽利略以及後來 17 世紀的牛頓等人加以發展和完善。在科學史中具有代表性意義的《自然哲學的數學原理》這部著作中，牛頓以數學公式為依據，解開了古老的天體運動之謎，形成了全新的「世界體系」的圖像。牛頓的運動定律第一次以數學化的、量化的形式把自然規律表現出來。這個「世界體系」的思想核心，是客觀、精確、機械的數學模式，它在伽利略、笛卡兒等人那裡，已經得到了相當明確的論述。牛頓的世界觀假定物理世界具有某種質的單一性，所有的物質運動就其服從牛頓定律而言是同質的，它們在現象界的差異都可以還原為實在界量的差異。牛頓的世界觀一度成為科學觀的代名詞，牛頓的研究方法也已成為科學方法的代名詞，這種「拆分」式的、孤立的、靜止的、分析的方法標明了經典自然科學的機械還原論特徵。18 到 19 世紀，自然科學的發展基本上是牛頓模式的充實和拓展、應用和放大，原理上

一、經典科學與原子物理

並沒有革命性的進步。

到了 19 世紀，科學已不再把自然界當作一個既成事物，而是當作一個發展過程來研究，並且開始用連結和發展的觀點揭示現象之間的關係。自然科學為人類提供了一幅初具規模的立體圖畫。到 19 世紀末，近代自然科學的世界圖像最終確立：經典力學、電磁學理論、能量守恆與轉化定律、原子論與分子學說、細胞學說、進化論等已逐漸走向成熟。經典科學的世界觀最終確立了。由於經典物理學獲得的巨大成功，它逐漸泛化為一種統治西方思想的世界觀。這種世界觀將整個世界隱喻為一臺座鐘，世界被描繪成像一臺座鐘那樣精確運作的巨大機器——勻速、線性地運動，部件（部分）之間相互分立、只有機械連結，運動不存在任何不確定性、與意識無關。當牛頓建立了物質世界的基本法則後，哲學家和社會學家們又沿襲他的方法，希望能找到社會生活中的原理。可以說，在過去的幾百年間，不僅自然科學，而且幾乎所有新興的社會科學——經濟學、心理學、社會學、人類學等，也都以經典物理學為樣本。

經典物理學包括經典（牛頓）力學、經典電磁學和熱力學。這座聖殿由三大支柱支撐，第一根支柱上鐫刻著：如果沒有外力作用，運動著的物體將永遠運動，靜止著的物體將永遠靜止。此謂牛頓第一定律：慣性定律。第二根支柱上鐫

第 2 章　量子管理的理論基礎：我是誰

刻著：物體的加速度與它所受的力成正比，與它的質量成反比，如果知道了運動物體的初始狀態和它的受力，就可以確定它每一時刻的速度。此謂牛頓第二定律：加速度定律。第三根支柱上鑴刻著：當兩個物體互相作用時，彼此施加於對方的力，其大小相等、方向相反。此謂牛頓第三定律：作用力與反作用力定律！聖殿高大宏偉的穹頂上則鑴刻著：世間萬事萬物都遵循這些規律，這個世界是確定的、可測量的、可控制的！科學的規律由此上升為宇宙觀涵蓋社會、管理、教育和其他一切領域。

牛頓經典物理學處理人與自然關係的思考方式，對後來三百年的社會產生了深遠的影響。牛頓經典物理學為後世處理人與自然的關係提供了可參照的思維模板，科學與理性取代了傳統經驗主義思考方式，成為企業管理、生物進化、經濟發展的一大原動力。當然，科學化的分門別類促成了企業內部的分工合作和生產的專業化，卻同時忽略了各部門之間相互聯繫的複雜性和必要性。在工業經濟時代，這種局限性表現得不明顯，因為那個時代，未來是可測的，消費者需求和市場是相對穩定的，產業的邊界是清晰的，企業的成長有跡可循、路徑可控。企業可以基於過去推測未來，可以基於現有資源和能力（及可能獲得的資源和能力）確定成長的方式與速度 —— 經典管理學是適用的！但到了智慧（量子）經

濟時代,這種局限性卻越來越突顯出:世界是不確定的、難以測量的、難以控制的!

第 2 章　量子管理的理論基礎：我是誰

二、量子物理的誕生

　　動搖牛頓世界觀的是愛因斯坦的相對論，和由一大批傑出的科學家共同提出、建立的量子理論。1900 年，普朗克（Max Planck）提出輻射量子假說，假定電磁場和物質的能量交換是以間斷的形式（量子）實現的，量子的大小同輻射頻率成正比，比例常數稱為普朗克常數，從而得出黑體輻射能量分布公式，成功地解釋了黑體輻射現象。1905 年，愛因斯坦引進光量子（光子）的概念，並定義了光子的能量、動量與輻射的頻率和波長的關係，成功地解釋了光電效應。其後，他又提出固體的振動能量也是量子化的，從而解決了低溫下的固體比熱問題。1913 年，丹麥的波耳在拉塞福原子模型的基礎上建立起原子的量子理論。按照這個理論，原子中的電子只能在分立的軌道上運動，原子具有確定的能量，它所處的這種狀態叫「定態」，而且原子只有從一個定態到另一個定態，才能吸收或輻射能量。法國物理學家德布羅意於 1923 年提出基本粒子具有波粒二象性的假說。德布羅意認為：正如光具有波粒二象性一樣，實體的微粒（如電子、原子等）也具有這種性質。這一假說不久就為實驗所證實。由於基本粒子具有波粒二象性，基本粒子所遵循的運動規律

二、量子物理的誕生

就不同於一般物體的運動規律,描述基本粒子運動規律的量子力學也就不同於描述一般物體運動規律的經典力學。當粒子的大小由小過渡到大時,它所遵循的規律也由量子力學過渡到經典力學。量子力學與經典力學的差別首先表現在對粒子的狀態和力學量及其變化規律的描述上。在量子力學中,粒子的狀態用波函數描述,它是座標和時間的複合函數。為了描述基本粒子狀態隨時間變化的規律,就需要找出波函數所滿足的運動方程。這個方程是薛丁格在1926年首先找到的,被稱為薛丁格方程式。當基本粒子處於某一狀態時,它的力學量(如座標、動量、角動量、能量等)一般不具有確定的數值,而是具有一系列可能值,每個可能值以一定的機率出現。當粒子所處的狀態確定時,力學量某一可能值的機率也就完全確定。1927年,海森堡提出「不確定性原理」,同時波耳提出了「互補原理」,為量子力學做了進一步的闡釋。量子力學和狹義相對論的結合產生了相對論量子力學。經狄拉克、海森堡和包立等人的研究發展了量子電動力學。1930年代以後形成了描述各種粒子場的量子化理論──量子場論(Quantum field theory),它構成了描述基本粒子現象的理論基礎。

丹麥的波耳、德國的海森堡、英國的狄拉克、奧地利的薛丁格、法國的德布羅意等一批科學大師,透過對「波粒二

第 2 章　量子管理的理論基礎：我是誰

象性」、「不確定性原理」、「機率幅」、「電子自旋」、「非局部作用」，以及關於「能量場」、「全像場」等方面的研究，使與牛頓經典物理學相對立的量子物理學從「個人的奇思怪想」變成了深刻影響人們的思想並且廣為接受的科學體系。由於量子物理學十分深奧，真正能夠理解並參透其中奧祕的人寥寥無幾，因此人們並未改變對現實世界的認知。

之所以要在經典科學與系統科學的轉折過程中格外關注到量子理論及其方法論意義，是因為量子理論的出現，正處於經典科學危機四伏、系統科學日漸崛起之時。而且在實驗理念與研究方法上，量子理論在以上二者之間有著一種過渡和銜接的作用。從方法上講，量子理論突破了經典科學還原論的、嚴格因果決定論的理念，自身孕育和體現了整體論的、機率化的思想。特別是在主客體關係上，量子理論放棄了經典力學所推崇的「客觀實在與觀測無關」的信念，提出主客體之間存在相互作用，觀測中中介工具對結果會產生影響。有趣的是，量子理論提出的這些觀念和方法恰恰是緊隨其後在 20 世紀上半葉出現的系統科學的基本理念。

量子區別於一般物質，它更多的是一種非確定性的趨勢和能量型態。「次原子粒子」以未知的和幾乎是不可知的方式在時空中相互作用，它們那無法預測的、隨機的運動從根本上動搖了牛頓運動定律。

二、量子物理的誕生

　　1900 年 12 月 14 日，普朗克在德國物理學會宣讀了他劃時代的論文〈關於正常光譜能量分布定律〉，這一天象徵著量子論的誕生，它和 1905 年由愛因斯坦創立的相對論共同成為 20 世紀人類科技文明的基礎，也從哲學上改變了人們。

　　關於時間、空間、物質和運動的概念。量子力學的理論強調非確定性、非線性，量子具有粒子和波的雙重性質。

　　量子物理學認為世界在基本結構上是相互連結的，應該從整體著眼看待世界，整體產生並決定了部分，同時部分也包含了整體的資訊；認為世界是「複數」的，存在多樣性、多種可能性，在觀察者實施觀察之前，世界的狀態是無限的和變化的，實施觀察後，其他所有的可能性才崩塌；認為量子層次世界的發展存在跳躍性、不連續性、非線性因果性和不確定性；認為事物之間的因果連結像「蝴蝶效應」所顯示的那樣，是異常複雜的；認為事物發展的前景是不可精確預測的；認為基本粒子的物理現象不可能在未被干擾的情況下被測量和觀察到，在理解任何物理現象的過程中，人作為參與者總是處於決定性的地位。

三、量子物理的五個顛覆

1. 量子糾纏

所謂量子糾纏,源於愛因斯坦和他的兩位博士後研究夥伴於 1935 年提出的思想實驗。其含義是,設想由兩個基本粒子組成的系統,當它們分離後,即使分別運行到遠至光年的距離,對其中一個粒子進行擾動而導致其狀態發生變化,另一個粒子也會立即發生相應的狀態改變,愛因斯坦將其稱為「鬼魅似的超距作用」(spooky action at a distance)。1982 年,法國物理學家阿蘭・阿斯佩(Alain Aspect)和他的小組成功地完成了「量子糾纏」實驗。在量子世界裡,兩個粒子在經過短暫時間彼此耦合之後,它們之間會產生極強的關聯性,這一現象就叫「量子糾纏」,當單獨攪擾其中任意一個粒子,會不可避免地影響到另外一個粒子的性狀,儘管兩個粒子之間可能相隔很遠的距離,哪怕遠到宇宙的兩極,也如同它們相連在一起一樣。量子糾纏現象意味著,宇宙中的任意兩個事物之間,存在著一種固有的內在關聯(inherent relation),這是一種無須時間傳遞的整體論意義上的相互關

聯，這種內在關聯使得整個宇宙成為一個整體，任何一個局部發生變化，都可能使得其他部分乃至整個宇宙同時發生變化。

2. 量子塌縮

在一般性的科學實驗中觀察並測量某種系統時，科學家要將作為實驗對象的系統與測量設備、觀察者本身分開來觀察，以防後者干擾到前者，這樣才能保證測量結果的純粹度。當然，在不同性質的實驗當中，避免干擾或難或易，如果測量過程對測量對象的影響微乎其微，它對結果的干擾可忽略不計。但是量子測量則不一樣，進行量子測量時，被測系統與測量設備兩者理論上是分不開的。量子理論揭示，客體對測量儀器的反作用是不可消除的。譬如，一個粒子沒有被測量時，它以機率幅的形式存在（「波函數」），它的演變過程可以用薛丁格方程式準確地描述。但該粒子一旦被觀測，這個機率幅便會立即塌縮到一個具體的本徵態或可能態，即從機率幅的形式轉化為粒子的形式。基本粒子的狀態只能用一個波函數來表示，我們只能說明事物的「存在趨勢」是怎樣的，這種趨勢科學家們稱為機率幅（或波函數）。機率幅的一個特性是，在被測量之前，各種機率都存在，但

065

就在它們被測量（觀察）的那一刻，一個結果顯現了，其他的可能「崩塌」了。

3. 波粒二象性

物理學家們在 1920 年代發現光有一種二象性：它同時具有粒子和波的特性。以前這種結論被認為是不可能的。著名的「雙縫實驗」證明了光波中的單個光子在一種實驗中表現出粒子的特性，而在另外一種實驗中則表現出波的特性。科學家在測量量子運動的位置和運動能量時，發現量子的運動軌跡既符合波也符合微粒的特點。這令人困惑不解。正是這樣一個悖論，孕育出一個驚人的答案：光子僅表現出科學家們正在證明的那個特性！換句話說，正是科學家的預期和測量光子的方法，決定了光子表現出粒子性還是波性。這就是說，光子以一個觀察者所期望的方式顯現，這樣，我們就再也不是宇宙的客觀觀察者了。這就完全打破了傳統物理學的邏輯。波粒二象理論確立了基本粒子世界不可分割的整體系統性。

4. 不確定性、機率幅

　　能反映量子理論隨機性特徵的另一個理論就是海森堡提出的「不確定性原理」。1927年德國物理學家海森堡提出：對於任何一個粒子，你不可能同時精確測量它的位置和動量，這就是海森堡不確定性原理。機率，亦即可能性，是海森堡不確定性原理中的重要概念。他認為，任何一個粒子的位置和動量不可能同時準確測量，要準確測量位置，動量就完全無法被準確測量，反之亦然。造成這種狀況的原因是由於測量中不可避免地出現儀器對測量對象的干擾，以及粒子本身所具有的波動性。海森堡說：「在位置被測定的一瞬間，電子的位置測定得越準確，動量的測定就越不準確，反之亦然。」波耳把海森堡的觀點提升到哲學高度，提出了「互補原理」。波耳對「互補」的解釋是：「互補一詞的意義是：一些經典概念的任何確定性應用，將排除另一些經典概念的同時應用，而這另一些概念在另一種條件下卻是闡明現象所同樣不可缺少的。」他在《量子理論》(Quantum Theory)中這樣概述：「從量子的角度來看，任何客體最一般的物理性質都必須用成對的互補變數來表示，其中每個變數必然以相應地縮小另一變數的確定性程度為代價才能成為相對確定的。」這樣，經典的決定論的因果律在量子系統中不再成立，人們

只能了解粒子出現的機率,而不能確定某個粒子在某時某處是否一定出現。這就是量子力學的統計解釋或機率解釋。

為了簡單地說明這個原理,薛丁格假設在一個盒子裡放入一隻貓,裝上一個偵測到衰變粒子時會施放毒氣的裝置,當偵測器啟動便自動施放毒氣,貓就被毒死了,但也有可能沒有偵測到衰變粒子,因此這隻貓也可能一直活著。所以,在盒子打開之前,我們不知道這隻貓是死的還是活的。但當盒子打開,這一操作會觸發機關將貓殺死。這一刻,是我們的觀測產生決定的作用。所以,在盒子打開之前,這隻貓可能是死的,也可能是活的。它是活貓和死貓的疊加,既是活貓也是死貓。這就是著名的「薛丁格的貓」悖論。基於「薛丁格的貓」,「量子理論」給予了我們的啟示是,對於人的發展狀態和方向的判斷,更適合採取「趨勢模型」、「機率模型」,而不是「定量模型」、「確定模型」。

5. 全像場與能量場

從量子科學中湧現出來的最激動人心的概念,就是能量場。按照量子場理論,在原子尺度上,場無處不在。這不是我們想像中的可視的實體,它們是基本粒子的相互作用。基本粒子跳著永恆之舞,它們互相碰撞,吸收能量,並以光子

三、量子物理的五個顛覆

的形式釋放能量。粒子同時發出和重新吸收這些光子，也吸收其他粒子的光子。這些相互作用讓粒子或者相互吸引，或者互相排斥，構築起一張涵蓋所有的原子關係的人網，連接著整個宇宙。如果說經典物理學的核心隱喻是一臺機械座鐘，那麼量子物理學的核心隱喻就是這無所不在的「網」。基於能量場的概念，對於人的心理結構，認知結構，也應建立「場」的概念。心理結構和認知結構都不是實體，而是更類似於「場」，一個隨時生成、運動、變化的場。

第 2 章　量子管理的理論基礎：我是誰

第 3 章
從原子到量子管理：
我去向何方

第 3 章　從原子到量子管理：我去向何方

量子物理的影響超出了物理學的範疇，逐漸成為一種新的科學世界觀和思考方式，我們稱之為量子思考。這是因為我們的思考過程和量子過程之間存在著許多令人吃驚的相似性。波姆說：「思考過程和量子體系在不能被過度分析為分離元素這一點上相類似，因為，每一個元素的『內在』性質不是一種在與其他元素分離和獨立的情況下存在的屬性，相反的是一種部分起源於它與其他元素關係的屬性。」獨立於人的意識之外的客觀經濟規律是不存在的，經濟和社會的發展都不能排除主觀因素，是主觀意志和客觀世界相互作用的結果。量子理論的一些重要實驗和結論對管理規律的探索乃至整個社會體系都有著深刻的啟發性。原子思考與量子思考的差異主要呈現在以下幾個方面。

1. 還原論與整體論

經典科學世界圖像的最大特徵是機械論和還原論，強調分析。牛頓力學「拆分」式方法論對經典科學有著引領和示範作用。牛頓式思想認為，世界由原子構成，原子是堅不可摧的，原子和原子之間彼此獨立。在牛頓式的自然科學中，還原和分析是關鍵。牛頓認為只有把整體和問題不停地細分，才能夠了解一個事物的全貌。任何系統和物體都要被還

三、量子物理的五個顛覆

原為組成成分,以便了解它的效能和主要功能。整體被認為是成分的加總,所以我們需要先了解各部分,以便更全面地了解整體。西方世界把原子論運用到社會生活,認為個人就是社會的基本原子,每一個個體都是獨立的,所以在社會關係方面,西方社會強調個人利益,個人需求和個人權利成了關注的重點。亞當斯密將原子論引用到經濟學中,認為個體本身是自私的,只會按照自己的利益去工作。

量子力學認為,世界是不可分割的整體,粒子彼此之間存在微妙的關聯,單一粒子的運動是隨機不可測的,粒子的碰撞將產生難以預測的組合變化,衍生出各式各樣的新事物,蘊含著強大的潛在力量。系統性質只有在系統中、在一定的環境下才會湧現出來。世界在基本結構上是相互連結的,應該從整體著眼看待世界。部分不僅與周圍環境發生一定的外在連結,同時還要表現出「主體性」,可將自身的內在連結傳遞到周邊,並直接參與整體的變化。

在量子力學中,湧現性和自組織是關鍵。整體不是各部分的簡單疊加。無論整體還是部分都與環境有關。因為每一個量子既有個體(粒子的)性質,又有系統(波動的)組織。公司組織也是如此,一個公司並不是很多部分的集合,而是一個整體,公司的每個員工都是互相關聯的。

第 3 章　從原子到量子管理：我去向何方

2. 二元對立與一元混沌

傳統牛頓思想是建立在主體、客體二元對立的基礎上的。西方文明因深受牛頓世界觀影響，具有二元論的特點，將世界分為主體和客體、意識和存在、精神和物質。牛頓式科學的宇宙是物質性的，牛頓派的科學家以局外人的角度研究自然，並對其進行利用、操縱與控制。牛頓式的正規化科學是一種「非此即彼」的科學，認為物質不是波，就是粒子。牛頓的物理系統是線性的，所以在牛頓式組織中，個體（粒子）和集體（波）之間有著持續的、看似無法解決的矛盾。

然而，進入 20 世紀，隨著研究對象領域的進一步擴大，人類的研究對象已經超出了人們肉眼所能看到的範圍。在量子系統中，量子實體既像粒子又像波，既在這裡也在那裡；在量子系統中，關聯創造了更多的可能。由於傳統的東方思考方式是把個人放在整個社會中討論的，量子思考為東西方思維的融合搭建了一座橋梁。量子思考尊重個性，注重個人需求，強調個人利益和組織需求相互融合，你中有我，我中有你。量子力學的基本原則提供了一個有意義的視角，我們由此看到的組織世界兼具客觀的和主觀的、邏輯的和非邏輯的、線性的和非線性的、有序的和無序的兩面。

這類二重性具有某種程度的普遍意義。經濟學中一些重要的概念和指標都可以從這個角度去分析。比如「理性」與「非理性」來自同一個主體,一個本質上理性的經濟人往往也會做出非理性的行為。我們是宇宙之舞中的積極參與者,在一定程度上決定了我們所看見的世界。在正面的假設中,按照多元智慧理論,人是以多種狀態生存的。所以我們需要正向的東西,需要鼓勵和正向思維,目前比較時興的正念管理便基於這一理念。

3. 非此即彼與兼容並蓄

在經典力學裡,整體由一塊塊確定的「積木塊」有序地組成,可以被預測和設計建構。而在量子力學裡,不存在最基本的「積木塊」,整體看起來更像是一塊複雜的布,其中不同的連接交替、重疊或結合在一起,最終決定著整塊布的結構。這些看不見的連結是萬物的基本構成要素,而我們過去認為這些連結是發生在相互獨立的實體之間的。根據量子物理學的精神,世界是一個大的生態系統,社會是一個不斷充滿變化的充滿活力的動態生命體。所有的一切都相互關聯,不可分割,你中有我,我中有你,彼此連結。

不能再用以往那種機械觀和線性思考,將系統看成若干

第 3 章　從原子到量子管理：我去向何方

零件的組合，應看重個體彼此之間的關聯性。這一理念對於今天的企業管理、經濟管理、環境治理都有著顛覆性的啟迪。

相較於科學管理注重規範個體行為、達到控制整體的目的，量子管理看重的是系統整體性和內在的關聯性。一個團隊輸出的一定是內部合作的結果，而不是簡單的個體工作的疊加，這種彼此之間的關聯合作過程無法精準控制，運用之妙存乎一心。網路推動世界進化，讓人與人、人與組織、要素與要素、組織與組織連結的速度、廣度、深度和密度比以往任何歷史時期更進了一大步。那麼今天和未來的組織，要保持生命力和先進性，也必然要從層次分明、條線分割的「結構體」進化成「網路體」，否則就會失去生命力。

4. 精確確定與模糊不確定

牛頓力學認為，物質不因有意識的感知而存在，事物間互有因果關係。牛頓三大定律的發現讓人們開始能夠解釋世界上一系列看似難以捉摸的現象：氣候的變化和疾病的蔓延並不是超能力和神祕力量所控制的結果，一切事物都可以被理解，它們有規則可循，它們的發展可被預測，它們的變化可被控制。腓德烈·泰勒在管理學領域實踐了牛頓思想，他

認為管理的本質是把組織視為一個龐大的機器，它是可以控制和預見的。而如果你認為世界是確定的、可預測的、可控制的，你就會有信心地去做一個五年或十年的策略規劃。

而量子力學有一個非常重要的理論，那就是海森堡不確定性理論，即「不確定性原理」：一個基本粒子的位置測量越準確，動量測量就越不準確，反之亦然。推而廣之，就是一個人所皆知的事實：一切測量都不可能避免誤差。更進一步，我們永遠無法真正精確地了解事物，我們了解的只可能是一部分。不確定性原理告訴我們：我們所提出的問題經常決定了我們最終得到的答案。以前的管理學基本上是以組織化、計劃化、結構化、控制論等為基本導向的，都是在談如何去規避不確定性，以管制變、以剛克柔。但實際上，個人和組織都必須「擁抱不確定性」，才能適應如今的時代。這個說法不新鮮，但是真正理解和做到擁抱不確定性並不容易。

在理解了量子思考與原子思考巨大的差異性之後，我們再來看從原子式管理變遷到量子式管理的路徑。原子管理正規化和量子管理正規化的對比可以歸納為表1。

第 3 章　從原子到量子管理：我去向何方

表1　原子管理正規化與量子管理正規化的對比

對比維度	原子管理正規化	量子管理
正規化人性假設	X 理論、Y 理論，簡單人假設	XY 理論，複雜人假設
管理思維	確定性、可控制、可預測	不確定性、模糊性、不可控、不可預測
管理動力	利益和效率	願景、使命感、價值觀
管理假設	具備穩定性和可預測性的特徵	本質上是不確定的和不可預知的
管控方式	透過層級專制權來進行控制	依靠非層級的網路關係，分布廣泛
管理邏輯	自上而下：管理層發動的管理變化	由下而上：變化在組織的任何部分發生
價值取向	人是目的、以人為本	天人合一、以生態為本
組織結構	科層制、金字塔式結構	倒金字塔結構、平臺結構
組織變革	個別領導者設計與決定	組織成員決定、自發湧現
領導風格	長官意志、管控	釋放人性、授權賦能
權力結構	集中於少數人手中	分散式、分散化
決策方案	不靈活、穩定、單一	多元視角、多種可能、隨機應變

對比維度	原子管理正規化	量子管理
決策依據	依據客觀事實和調查數據	依據動態狀態和當下行為
員工定位	被動的生產單元	參與性的合夥人

具體來看,從原子管理到量子管理的路徑包括以下幾個方面。

第 3 章　從原子到量子管理：我去向何方

> **一、從分離分立到整體和合、生命共同體**

　　原子物理將世界視為諸多原子組成的實體，試圖把世界分解得盡可能小，強調單獨的個體，認為原子與原子之間彼此分離。每個個體就像是一個「原子」，牛頓式原子管理思維強調分工理念與科層管理，將組織視為一臺龐大而又複雜的機器。

　　量子物理認為基本粒子物質具備波粒二象性，量子管理看重的是系統整體性和內在的關聯性，沒有任何一個量子位可以被抽出，沒有人是孤島，主管、員工及組織的其他利益相關者都應像魚和水一樣處在整體關係之中。領導者透過建立量子式整體性思維，能發現在許多不同種類事物之間存在的更為深層次的共性，從有限當中看到無限，從而能夠抓住問題的深層本質。具有量子思考模式的領導者會依賴直覺做事，這本身就體現了一種對於模式、關係和相關性的感知。在整體中，他們擔負屬於自己的責任，同時也能清楚意識到整體會對自己和他人造成影響。量子領導者的整體性使得組織變成一個複雜的、自組織的自適應系統，並充滿創造力。

　　量子管理的核心是「生命共同體」。每個人都是世界的

一、從分離分立到整體和合、生命共同體

創造者,助人者必得人助。量子管理學提出,組織要成為生命共同體,組織和人、人和人之間不是單純的利益關係,而是共擔、共創、共享的互補和雙贏關係。當組織成為生命共同體時,人與組織之間,人和人之間就不再是控制與利益關係,而是一種自動合作、命運與共、生死相依的關係。稻盛和夫鼓勵「利他」的價值觀。他提出了一個重要方程式:人生和工作的結果＝思考方式 × 努力 × 能力。思考方式指價值觀,稻盛和夫深刻地意識到,錯誤的價值觀會為企業帶來負面影響,所以此項包含負分。在實踐層面,阿米巴經營就是一個典型。阿米巴的核心是一個經營會計體系,就算小組超額完成業績,也不作為獎勵的依據,獎勵最終根據整個公司的績效表現來核算。同時,稻盛和夫將是否為他人提供幫助作為重要的獎勵依據之一。楊壯教授認為稻盛和夫的阿米巴經營理念強調的就是一種生命共同體。由此可得出一個結論:成熟的量子公司,一定要用價值觀、企業文化去約束人性的弱點。在量子理論中,沒有人是孤島,人與組織不是控制與被控制的、單一的利益關係,而是共生與合作關係。

傳統上講求的「整體和合」概念,是把自身和宇宙視為混沌一體而非主客二分關係,世間萬物皆是相互連結、貫通的,需要掌握它們運行的普遍規律,求得它們的和諧相處、共生共長和光明前景,而這恰恰與量子管理正規化不

第 3 章　從原子到量子管理：我去向何方

謀而合。注重整體的人十分依賴直覺和對於整體形式、關係與一致性的判斷，在根據邏輯得到結論之前，就能直覺感知到自己的責任與行動方向。整體論要求提升了解大局與局部、他人與自己關係的能力，提升了解事物內在運作中各部門如何連結的能力，提升互動影響的能力。在量子管理正規化的「整體和合」價值觀影響下，企業觸角伸向內外部各個方向，從而進化成基於網路的生命共同體，包括以下三個方面。

　　首先，實現企業組織與客戶的有效連結。量子式管理超越以往僅在業務部門、服務部門與客戶間建立連結的視野局限，透過機制設計，讓組織的各個部門埠都能和客戶發生直接、高頻、深入的互動和連結，讓每一個中後臺職能部門和經營業務部門都有明確的客戶價值關聯邏輯。有企業提出「外去中間商，內去隔熱牆」，將阻斷組織與客戶的一切影響互動和導致效率遲延的傳導環節簡省，大大提升了為顧客創造價值的效率。同時，有企業多年來一直在實踐「人單合一」的使用者互動模式，藉助網路平臺，推倒企業與客戶之間「有形的牆」，客戶需求可以隨時隨地被真實地感知到，企業可精準掌握市場脈搏。這樣，傳統規模化的「端對端」流程就會分解為眾多微小價值循環，激發組織夥伴們成為「微型創業」，圍繞使用者價值動態合夥，有效實現企業組織

一、從分離分立到整體和合、生命共同體

與客戶的有效連接。

其次,實現組織內員工(夥伴)的有效連結。公司不再是隔離的分層模式,而是要形成牽一髮而動全身的網,需突破組織中員工在各自的部門「深井」中單打獨鬥的局面,弱化甚至取消部分層級,圍繞對客戶有價值的任務,互通有無、靈活組合、開放式溝通,成為並行共生的事業合作夥伴。有的企業採取「插拔」方式強化內部員工與團隊的互動連結,即員工之間即插即拔、靈活組合。有企業突破傳統組織的孤島模式,建立事業合作夥伴制組織形式,員工之間結成共創、共享的共同體。在 Google、臉書等創新導向的公司中,辦公室的物理布局不是條塊分割,而是開放連接的,組織的結構設計和職位職責設計也往往基於專案或工作任務,這樣員工之間的交叉互動程度大大提升,創新思想也會不斷產生。

再次,實現企業與產業、社會的有效連結。網路時代,全世界的泛化網路連結使得產業與產業之間的邊界日益模糊,跨域融合成為趨勢,組織與組織、人與人之間建立了豐富的溝通管道,時時刻刻在傳遞資訊和能量。網路本質上是建立社會系統中各個單元間關聯性的工具。在網路產生以前,人與人之間就有某種微妙的關聯,彼此影響著對方的思考和行動。而在網路出現之後,這種關聯突破了地域、時間

第 3 章　從原子到量子管理：我去向何方

的限制，實現了全球化的泛化網路連結，帶來了社會結構的深刻變化。社會是一張網，每家企業都是其中的節點；企業內外，由於有了社交化工具，人與人也建立了非正式的關聯管道。同時，網路背景下企業與整個社會的生態性加強了，沒有一個企業能脫離生態系統而獨立存在，企業應具有足夠的利他精神，正如杜拉克先生所言：「企業的本質是社會企業，不要問你能成就什麼，而要問你能貢獻什麼。」

可以認為，量子管理的邏輯起點是基於關係的管理。關係是企業管理問題的本源，組織之間任何的要素連結都可以被視為一種關係。而企業間關係的管理也內化為組織要素的跨邊界嵌入。當企業間相互嵌入資訊要素時，會形成交易耦合型企業間關係；當企業間相互嵌入知識要素時，會形成協作網路型企業間關係；當企業間相互嵌入結構要素時，會形成權力科層型企業間關係。這種關係的邏輯演進過程可以歸結為從「點－點關係」到「點－鏈關係」，再到「點－閘道關係」。

先談「點－點關係」。知識的擴張、資訊時代的來臨以及分工的不斷深化，使得組織中初始委託人和終端代理人之間的資訊不對等問題更加嚴重。同時，資訊科技的廣泛使用、市場機制的逐漸完善卻使得交易成本不斷下降。在兩股力量的共同作用下，企業開始跨越實體邊界進行能力與資源

一、從分離分立到整體和合、生命共同體

的整合,企業的運作從有邊界趨向於無邊界。本質上,無邊界企業運作的核心不在於企業的市場化,而在於企業與市場的相互融合,企業之間基於信任與承諾的依賴關係成為企業價值的重要泉源。知識、資訊、物質的雙向流動構成了企業之間的「點－點關係」。從實體資產的跨邊界流動來看,資產專用性引起的鎖定會強化「點－點關係」中的契約與非契約協調,從而在具體經營模式上更加傾向於規則協調機制。從知識、資訊等隱性資產的流動來看,跨組織的知識融合能夠強化產品設計資訊的複雜性,進而催生企業間深度合作的需求,因此也會加速關係的固化。

再談「點－鏈關係」。供應鏈理論的提出,從根本上改變了企業的策略思考方式,將企業的能力重心從內部生產轉移到與供應鏈上下游企業的整合上。以豐田、沃爾瑪為代表的大型企業紛紛發展與供應商的長期合作夥伴關係,以贏得低成本與差異化優勢。直觀地說,企業與供應商、顧客之間的合作關係外顯為「點－鏈關係」,以該企業為基點,在整條供應鏈上同步進行著物質與知識的交換。「點－鏈關係」中的企業之間保持著相對穩定的競合與交易秩序,每個生態位上都聚集著少數幾家相互競爭的企業,維持著生態鏈(供應鏈)的平衡。可以說,「點－鏈關係」是一種寄生關係,作為節點的企業需要依附於特定的生態鏈,並對鏈條內的合作

第 3 章　從原子到量子管理：我去向何方

方式、交易文化、集體默認知識等具有較強的認知。一旦脫離鏈條，將使得企業交易成本急遽上升，同時還會面臨交易受阻的風險。因此，「點－鏈關係」對生態鏈中的企業具有鎖定效應，進而確保了生態鏈中各企業的長期利益。

最後是「點－閘道關係」。企業網路由眾多具有相關性的企業組成，彼此之間在空間上相對集聚，或透過資訊化平臺相連。模組化網路是一種較為普遍的企業網路模式，它的出現使企業的虛擬營運模式從鏈條向網路進化。大量跨企業邊界的知識流動強化了模組化網路的集群效應，單個企業能夠透過整合化平臺吸收網路內其他任何企業的知識養分，「點－閘道關係」因此而形成。實際上，「點－閘道關係」的產生需要經歷建立、辨識與治理三個階段。企業根據自身資源與能力，與多個相關企業達成共識，集體打造一個模組化網路的生態環境。網路的建構過程同時也是企業與網路關係確立的過程。模組化網路是一個開放的系統，外部企業可以透過競爭贏得「入場券」，並成為網路成員，因此涉及企業對網路的辨識，即判斷哪個網路與自身能力相符。對於在網路上的企業來說，需要面對的一個更重要、更長遠的課題是如何管理模組化網路的生態環境，即如何實現共同治理。

二、從非此即彼到兼容並蓄

　　基於牛頓機械決定論的組織中各部件分界限清晰，上下級之間的責權利規定得十分清楚，職位職責相對固定並且盡可能量化，員工的職責分明，作業流程與行為標準往往是不能變動的，組織和流程被劃分為界限清晰的獨立單元。管理講求標準、可評估、可量化，沒有標準則難以管理。

　　在量子管理的世界中，事物並非是非此即彼的，而是混沌、相容的，鼓勵一切可能性的發生，正如量子物理學家薛丁格等人所描述的那樣，在觀察者進行觀察之前，事物的狀態都是有多種可能性的。組織和社會也有多樣性，比如說，每個人可能都會對同一個問題有不同的看法，我們需要尊重多樣性，多進行溝通和交流，從而推動整個組織不斷地向前發展。這要求管理者能夠以開放、包容的心態去接納複雜的管理問題，鼓勵和採納來自多方的不同意見，兼收並蓄，去蕪存菁，並探索多樣性的解決辦法。量子領導者允許甚至鼓勵錯誤與失敗，將面對不確定性和模糊性視為探索新領域的起點，廣泛尋求和支持不同的聲音，建立基於錯誤的創新機制，不斷迭代與創新。

　　量子領導者把差異當作機會，用差異催生新靈感，欣賞

第 3 章 從原子到量子管理:我去向何方

或至少高度尊重他人的不同意見,關注陌生狀況所產生的差異性並與這些差異性、多樣性進行溝通和交流,採納更多不同的意見,以讓系統適應複雜性從而實現繁榮。如果我們不把差異帶進組織,我們就會失去產生新思維的能量,因此管理者需要不斷擴大組織的容量。開放共享的組織能變成一個大容器,容納所有的多樣性,並激發出一些新的東西。量子管理導向的組織培育開放包容的價值觀,用創新制度和創新作為來保障價值觀的具體實踐。在招募員工時,注重的不再是確定的學歷、專業、經驗等,更看重的是內在的潛力、悟性和學習力等指向更寬廣未來的要素。

真正的多樣性意味著熱愛或者至少珍惜他人不同的觀點,把不同視為機會。擁抱多樣性,意味著理解一個問題的最佳方式,是盡最大可能得到關於這件事盡可能多的觀點。一個組織的主流文化太強勢,就會暴露其文化的缺陷,如果太過多樣,或者不同的聲音太多,就會四分五裂。多樣性和整合性達到的平衡是一種臨界平衡。尊重他人、關注差異性、不因未受認同而心懷怨憤,才能產生多元的新系統。

在經營方面,未來成功的策略決策往往不是事先確定的,不是非此即彼或黑白分明的,合理有效的策略決策通常是叩其兩端而問中的。管理階層的「灰度」能力,如同走鋼絲時對平衡的掌握,強調不執著、不拘泥於既定正規化與套

二、從非此即彼到兼容並蓄

路,改變非此即彼、非黑即白的對立觀念,在混沌中掌握平衡、迎接更多的可能性。企業管理中存在諸多的辯證和矛盾,如無限需求與有限資源、企業盈利與社會責任、剛性制度與柔性文化、競爭與合作、法治與人治、集權與分權、用人不疑與疑人不用、組織目標與個人目標、冒險與保守等,高效能的管理者懂得平衡之術,會用兼容並蓄、辯證整合的思維來面對這些矛盾,兼顧兩端並找尋到最合適的度,一流的管理者必是平衡大師。

第 3 章　從原子到量子管理：我去向何方

> ### 三、從重視權威到激勵個體、授權員工

　　牛頓式組織呈現等級森嚴的金字塔式結構，自上而下地運作，強調權威、管控、組織紀律、高度服從，員工的工作依賴於上級所下達的命令或指令，KPI 層層分解，下級 KPI 的完成是為了上級 KPI 的完成。公司有著嚴格的制度規則，員工的工作被明確地規定，有詳盡的職位工作說明書、明確的分工體系、標準化的作業流程與作業標準，權威與管控的目的是最大化地提升效率。牛頓式組織的內部，大家在各自的「部門深井」中工作，上下級間缺乏有效的聯繫和溝通。這種組織構架以目標為導向，縱向上看層級分明，橫向上看職責清晰，卻無法滿足網路時代日益複雜和多元化的員工需求和顧客需求。

　　量子物理理論表明，宇宙是萬物互相參與下構成的，主體與客體溝通、互動從而改變了物質的狀態。這帶給管理者的啟示是，每個員工都有著無窮的潛能，管理者需要充分運用每個員工，把權力下放給每個員工，珍視每個員工個體的智慧與心聲。人們願意支持自己參與其中的事物，而且只有參與了某個計畫的制定過程才能真正激發自主能動性，如果

三、從重視權威到激勵個體、授權員工

沒有親自參與計畫的制定，人們就不會對計畫的目的和執行過程真正感興趣，無論這個計畫制定得多完美、多準確。領導者需要讓員工參與決策制定，從而真正激發員工的主角精神。

不管是在理論上還是在實踐中，管理工作和領導工作之間都有很大的差異。溝通活動和人際協調是一個有效的領導者應當去做的，而操縱資源、控制步驟和規則則是一個管理者應當去做的。在今天的企業和組織運作中，人越來越想被領導，而不是被管理。管理者必須同時培養和發展自己的領導技能，因為組織是以人為本的系統，是一個難以預測的、互動的、活的系統，而不是一成不變、像機器那樣運轉的。為什麼很多大企業轉型比較難？有企業 CEO 對此有著透澈的解讀：因為不願意將權力下放。但最高管理者握著權力不放，每個人就不可能發揮自己的能量。真正好的管理不是控制，而是釋放人性。關於這一點，丹娜‧佐哈認為，在一個充滿不確定、無章可循的量子時代，企業應該拋棄傳統經驗，勇於挑戰權威，大膽創新。這時候，身為管理者應該做到充分授權，同時採取扁平化、由下而上的組織結構，讓集體創意得到發展。員工可以最大限度地發揮個人聰明才智，這不僅激發了員工積極性，更增強了責任意識。

管理學者認為，僱傭關係導致角色及層級固化、資訊與

第 3 章　從原子到量子管理：我去向何方

功能的僵化等不良結果，使得員工無法真正發揮創造力。機械性的工作方式和教條的指令已經很難令知識型員工適應，組織需要更開放的工作環境，充滿朝氣和創意的團隊氛圍，以及自身價值被充分認可的激勵機制。量子管理正規化從強調權威與服從轉變為強調員工自我綻放，從上級命令驅動轉變為員工自我驅動和使命驅動，管理者不再是高高在上的釋出命令者，而是轉變為服務者、支持者、資源提供者、教導者、布施者。同時，尋找意義是人們生命的主要動力，人們會因為夢想而超越失敗和個人極限，組織也需要尋找自己存在的意義，從更深的願景中汲取能量，專注於更長遠的價值觀，聽從於使命感的召喚，而員工也參與企業文化價值觀、使命、願景等方面的制定與落實執行的過程，個人在實現公司目標的同時，也實現自己的夢想。

在管理實踐中，已經有不少企業在此方面做出了正向的努力。有家電企業將組織結構由金字塔結構轉變為倒金字塔結構，管理者為員工服務，後勤部門支援前線單位，從企業到客戶的大量中間層被削減，企業權力由高層下放到第一線部門與員工，7萬多人變成了近2,000個自主經營體，員工被賦予極大的權力。稻盛和夫在日航公司推行阿米巴經營模式，賦予員工由下而上的動力和空間，讓他們了解到工作對自己的意義在哪裡，鼓勵他們充分釋放自己的才華，每個日

三、從重視權威到激勵個體、授權員工

航人在上飛機的那一刻,都知道成本是什麼;最後下飛機的時候,也清楚地知道這一天的盈利是什麼。Google創始人謝爾蓋(Sergey Brin)淡化管理者的權威與管控,珍視員工的潛能與自我綻放,給予軟體工程師等員工足夠的授權,建立了智囊團會議、研討會等開放式溝通機制,鼓勵大家直抒己見,將放蕩不羈甚至異想天開的、源於直覺的點子視為創新的泉源。

第 3 章　從原子到量子管理：我去向何方

四、從穩態有序到動態複雜

　　在原子式世界觀中，一切都是穩定可控的，事物遵循固有秩序運作。原子管理的目的也是將企業打造成一臺穩定可控、富有秩序的機器。在引入生產線、作業流程與標準等穩定元素後，管理的投入與產出是靜態可預知的。牛頓的原子管理適用於工業文明時期，組織是建立在秩序、規則、穩定的基礎之上的，需要組織建立嚴格的秩序、嚴格的規則和自上而下的指揮系統，不同工序需要遵循嚴格的流程、節奏，才能夠產生效率。員工的職位職責體系是固定的，工作內容被清晰、量化地界定而缺乏彈性。組織形式多表現為金字塔結構，因為這種組織狀態最穩定，組織及其管理的因果關係簡單、清晰明瞭。組織崇尚權威與等級，透過嚴格的考核與強制淘汰進行控管，內部的運作建立在等級秩序基礎上。管理的指向是掌握穩定可控的局部或個體，在實現局部與個體最佳的基礎上實現整體成績的最大化。在策略上找到自己的核心競爭力，然後聚焦於自己的核心領域實施相對穩定的差異化策略，抱住主業，絕不動搖。

　　量子管理強調組織的動態變化，強調各個部分之間的動態關係。管理需要在無序中求有序，不斷打破現狀，建構新

的有序狀態。在組織內部,要實現動態管理,鼓勵員工自由創新,盡情發揮潛能與創意,去釋放各種能量。在知識經濟時代和網路時代,要真正實現創新驅動與人力資本驅動,組織要鼓勵員工創新,組織內部需要不斷變革,而變革的動力來自人力資源的能量,管理是在無序中求有序。

儘管因果關係明確、線性的流程以及嚴格的秩序、規則保障了組織的穩定發展,但同時也構成了企業實現突破式創新和管理進階的障礙。最典型的是各種機械式的指標,當我們執著於增加這些單維度的指標而看不到其他方面的時候,往往導致系統性失敗,比如索尼因過度執著於績效考核而導致失敗等。

量子管理強調「重新建構能力」:跳出既定的思考框架,不斷更新觀念,不墨守成規。量子管理強調「開闊思維」:站在另一個高度,採取新的角度,獲得更大的廣度。能不斷重塑新觀念的人與組織,才能有遠大的願景,能夠想像、捕獲並致力於創造未來。

《刺激1995》(*The Shawshank Redemption*)中,瑞德望著監獄的高牆,對杜佛倫說:「你看,這些牆很有趣。剛入獄的時候,你痛恨周圍的高牆;慢慢地,你習慣了生活在其中;最終你會發現自己不得不依靠它而生存。這叫體制化。」管理者需要重建框架的膽識和能力,跳出某個情境、建議、策

略或問題，著眼於全域性，不斷更新觀念，不墨守成規，伺機而動，收放自如，打破僵化的結構，適應這個越來越複雜的世界。

量子組織的基礎和策略是迎合動態化、複雜性，將控制讓位於創新潛力以及更加敏感的直覺，學會在「模糊性」中成長，建構動態有序並能敏感回應變化的融合式成長組織，以激發更大的創造力。可以借鑑一些成功企業的組織方式，如創意開發小組、事業部分拆整合、小組平臺式組織結構等，能實現根據客戶需求隨時變通、任意組合，從而更加靈活自如地響應動態、複雜的經營環境。量子時代的管理要求我們把目光從「表象秩序」上移開，關注更大的「隱性秩序」。「隱性秩序」看不見、摸不到，但它無時無刻不在。當我們找到它，與它和諧共振時，我們的心靈將變得充實，能量無比充沛，環境變得友善，人類社會將和宇宙一起，得到更久遠、更美好的延續。

五、從確定、有限性到不確定、無限性

按照牛頓的宇宙觀，我們的世界充滿界限。同樣，牛頓組織中也到處劃分界限，定義角色和責任，指明上下級關係和責任範圍。組織中有嚴格的分工、明確的職位職責、統一的作業程序與行為標準。一切管理對象都有標準，任何事物都可估算，管理基於估算，不能估算就沒有管理。牛頓式管理模式下，企業的經營管理遵循線性思考，管理實踐中人們相信已經被科學實驗反覆證明的事情，企業的經營策略、人力資源管理、市場行銷策略等諸多方面都是確定的，即便是變化也是在有限的範圍內進行。

而在 VUCA 時代，「跨域」成為常態，產業邊界變得模糊不確定，這也意味著我們所面臨的是「混沌」的世界，企業難以透過精準的預測來推斷企業的成長。黑天鵝事件告訴我們「你不知道的事情比你知道的事情更有意義」。索羅斯（George Soros）將他的主要投資基金命名為「量子基金」，他從海森堡不確定性原理中受到啟發並看到了自由市場固有的不確定性，他認為任何論斷都有一定的瑕疵和局限性，開放社會屬於易犯錯的社會，應接納易犯錯性和創造性謬誤，遠

第 3 章　從原子到量子管理：我去向何方

離均衡態。索羅斯曾這樣描述他的哲學觀點：「我的中心概念是人們對世界的理解本來就是有欠完整的，有些狀況我們必須先行理解，而後才能做出相應決定，但事實上這些狀況往往受到我們做決定的影響，當人們參與某些事時，他們所懷有的期望本身就會和這些事的實際情況不一致，只是有時差距很小，可以不必理會，但有時差距很大，足以構成影響這些事件發展過程的重要因素之一。」在金融投資中，索羅斯的特點就是沒有特定的投資策略，回顧「量子基金」的歷史就可以發現，「量子基金」的投資策略一直在不斷改變，基金成立的前十年，幾乎完全將總體經濟投資工具排除在外，此後，總經投資又成了投資主調，也就是說，他並不按照既定的原則行事，卻留意遊戲規則的改變。根據索羅斯的投資理念，市場總是處於流動和不確定之中，而營利之道就是向不穩定態或不確定態押注，尋找超出人們預期的發展態勢。總之，在索羅斯的投資中，世事絕難預測，萬物缺乏理性，一切都是不可預知的，這便是其投資的基本原則。

量子組織的基礎和策略需要迎合「不確定性」，將控制權讓給對情況更加敏感的感覺和直覺，以及不確定性中的創新潛力。即使最有遠見的公司也會被所謂「穩定的重要性」這一信條束縛，但消除不穩定性因素也會抑制正回饋，杜絕一切內部或者外部的可能改變現狀的因素。

五、從確定、有限性到不確定、無限性

量子管理正規化並不預先為自己設定確定的目標和具體的成長路線，而是注重「發散」思維，在跨域、碰撞中形成各種可能的方向，並勇於嘗試，而後基於企業家對未來的洞察選擇出最有可能的方向加大投入，並在合適的時候進行收割。

不確定性也表現為混沌和秩序的不可分割性。混沌並不是摸不到邊的混亂，而是在無序中隱含著有序，存在著潛在的不同模式。許多管理者追求穩定、秩序和可預測性，躲避不穩定性、混亂和不可預測性，這種追求靜態而非動態的管理理念和模式，就是導致許多企業陷入困境的一個重要原因。我們要了解「秩序和混沌是一體兩面」，要懂得混沌相對於秩序的必要性，「控制」並不一定能達到目標，而混亂往往蘊含著創新。

企業所表現出來的情況並不能以解構的視角去分析，而應該系統、全面、動態地進行認知。企業的成長並不僅僅局限於單一維度的線性成長，同時還是技術創新和客戶價值重構的顛覆式成長。

在不確定性背景下推動企業創新的最好方法，不是成立一個部門去專門推動和考核 KPI，而是創造一個環境，給予員工一定的自由和靈活度，讓各種想法碰撞，讓創新自然誕生。最經典的例子就是 Google。在工作之外，員工有 20％

第 3 章　從原子到量子管理：我去向何方

的自由思考的時間，可以去想各式各樣的點子，並進行驗證；可以發起和加入各種團隊，開發產品原型 —— 這一度是 Google 引以為豪的工作模式，也催生出了一系列劃時代的產品。

六、從現實到情懷
（使命感、利他性）

傳統觀念中，管理的目的主要是促進物質財富的成長，管理的手段主要是物質刺激，而根據量子世界觀，尋找意義是人們生命的主要動力。以量子思考來管理的公司，不是由它的產品來定義，而是由它的願景和價值觀來定義的。量子管理強調使命驅動和自我驅動，量子世界觀幫助人們重建生命的意義與使命感。組織需要尋找自己存在的意義，明確所追求的願景和目標，確定應該具有的價值觀與使命感。如果把文化在企業中的作用比作一種「場」，包括使命、願景和價值觀，那這個場應當是無處不在的。但企業文化在現實中能否滲透到這種程度？如果不能，問題到底出在什麼地方？企業文化要像場一樣發揮作用，滲透到每一個環節，這是一個十分具有挑戰性的目標。

丹娜・佐哈認為，一個組織要具正實現創新驅動與人力資本驅動，需要關注人的「靈商」（Spiritual quotient）開發，要關注人「靈性」的成長。這就需要在人力資源管理上提供讓員工有巔峰體驗，一體化價值體驗的服務。

量子管理強調從史深的願景中汲取能量，專注於更長遠

第 3 章　從原子到量子管理：我去向何方

的價值觀，聽從於使命感的召喚。使命感遠比抱負和目標來得更深刻、更徹底，使命感的本質特徵是「應該要這麼做」的內在品格。使命感不迴避利益、成功、效率等，但這些僵化的價值只是更深層精神價值的副產品。使命感更多關注的是利他，量子管理需要建立利他型商業模式與利他文化，所謂利他型商業模式就是客戶價值優先模式，先有客戶價值，才有自我價值。丹娜・佐哈指出，我們所有的人都要對自己負責，我們所有人都是創造世界的人，我們所有人相互之間都要互相幫助，我們共同努力來創造這個世界。每個人都是這個世界中一個獨特的表達，這個世界沒有不重要的人，也沒有可以忽略不計的，每個人都是非常獨特、非常重要的，沒有人能夠代替。正所謂「聖人不積，既以為人，己愈有；既以與人，己愈多。」

量子思考方式是我們看待世界的基本引領原則，這種思考方式不接受「企業存在的目的就是盈利和滿足股東的需求」這種觀點。以量子觀看待整個商業活動，我們會發現商業活動是整個社會的一個零件。組織一定對它的員工負有責任；企業一定要對它們的客戶負責，要提供他們高品質的產品；商業一定要對環境負責，也要對未來的年輕的一代負起責任。在這個意義上，量子理念與東方智慧非常接近。東方智慧也強調要有「利他」的價值觀，強調「達人利己」，強調

六、從現實到情懷（使命感、利他性）

「厚德載物」。在網路時代，這種價值觀在企業裡，首先展現在客戶價值優先，先實現客戶價值，然後才有自我價值；其次體現為強調競合關係，而非零和賽局關係；再次體現為成就他人，成就客戶，成就員工。當然，員工也是客戶，只有讓客戶成功才能讓組織成功。

公司除了設定經營目標外，更重要的是確定企業的願景（vision）。公司固然要賺錢，但絕不應以賺錢為唯一目的。我們期待公司對環境、對世界能有什麼樣的貢獻？希望公司產品流通到世界各地為消費者帶來什麼？創意往往要建立在特定的理想或目標上，才能成功。

第 3 章　從原子到量子管理：我去向何方

七、從他組織到自組織

　　牛頓式管理正規化下，泰勒、法約爾、韋伯等早期管理學者所倡導的組織形態注重自上而下的控制，追求穩定、有秩序和高效率，在環境相對穩定的前提下對重要的組織變數加以控制和管理，從而實現對其他所有變數的間接控制。強調組織紀律至上，組織大於一切，個人絕對服從組織，依照上級指令去工作和合作。強調組織要高度集權，員工要依據上級指令做事，崇尚權威等級，個人一定要融入組織，要有嚴格的分工、明確的職位職責、一致的作業程序和行為標準，企業要有嚴格的控制集權，企業協作來自上級的指令。而根據量子管理理念，管理者需要放棄一味控制，允許職員成為獨立的代理，自由地相互交往，以創造新的商業價值，這類似於有機體的自組織。管理者和被管理者之間的界限正走向模糊，領導者並非孤立於系統之外，這就要求現代的領導者以更開放的姿態而並非一種控制欲，去影響和改變他所引領的系統。而這種扁平、開放的體系，也是創新最大的泉源所在。量子管理注重的不是管控，而是要將企業變成一個創業平臺，希望在這個平臺上有很多創業團隊，它們都是自組織的，而不是他組織的。

七、從他組織到自組織

實現自組織的必要條件之一是具有開放性,即具有強烈的包容性,願意接觸並接受外界的不確定性,並透過「打破組織界限」的方式與外界進行互動,修復組織的缺陷,以此使企業充滿生機和活力。

一間家電企業將原本金字塔型的組織結構改造成追求客戶價值最大化的倒金字塔式的平臺組織,高層管理者在最下面,負責搭建舞臺和策略,中層管理者在中間,負責組織和管理,並帶領前線員工執行。中層管理者是獨立的創業者,營運各自的微型組織,微型組織並不對主管負責,而是基於使用者需求進行價值創造,員工自負盈虧、自我驅動、自我控制,真正實現了組織無邊界、去中心化、去 KPI。在此基礎上,他們將企業體制升級為基於自組織微型生態圈的「創業者所有制」,人人都是平臺生態圈中創新的創業者,以社群思維經營企業,每一個微型組織都是公司這棵茂盛大樹的分支,整個組織形態從過去茂密繁雜的,基於科層控制、集權化、機械化確定、非自主性的「大樹」演化為開源社區中散落組合的高度自主、繁衍循環、富有生命力的「塊莖」。「塊莖」並不固化自己的生存地點與生存環境,只要有合適的生長條件就會深耕布局,並在條件具備的情況下繼續繁衍生成新的「塊莖」,眾多「塊莖」最終進化為生生不息的茂密森林。

第 3 章　從原子到量子管理：我去向何方

　　也有成衣企業打散了自上而下的金字塔式結構而推行「小組制」的自組織結構，每個小組由物流專員、選衣專員、網頁製作專員、訂單行政組成，小組基於任務導向隨時組成也可隨時解散，基本擁有 90% 的營運決定權，「大平臺＋小前端」的小組制整合產品研發人員和銷售人員，迎合了「企業平臺化、使用者客製化、員工創業化」的趨勢。小組的組長變成了營運者或者說總經理，這種自組織鼓勵員工進行自我嘗試、自我管理、自我成長、自我實現，員工只需兩眼盯著客戶需求和市場動態，專注地將產品做好，而不需要兩眼向上去跟公司主管要資源，極高的自主性和收益性大大地激發了內部創業熱情，整個公司的經營活力也大大提升。

　　諸多成功案例表明，未來的企業將會是平臺式、生態式的自組織系統。這種自組織系統有以下幾個特徵：(1) 去中心化，沒有了管理的金字塔塔尖，管理層級大大減少；(2) 去邊界化，打破組織界限，真正實現跨域，強調融合共生；(3) 自治化，將員工團隊化，並給予團隊充分的信任和授權，允許團隊在自己的領域內進行創造，鼓勵嘗試；(4) 結構網路化，團隊和團隊之間互動連結，最終形成複雜、非線性的網路化結構。

八、從被動性到參與性

　　根據牛頓世界觀，認知是被動的，人只能服從、適應自然界規律。根據量子世界觀，人的觀察、人的操作，乃至人類的生命活動本身，都可以改變事物的發展與結果。在這兩種世界觀中，作為觀察者的人的位置是不同的。

　　觀測者也是被觀測事實的一部分，觀測者是促使觀測事實發生的因素之一。量子世界觀描述了一個參與式的宇宙，主體與客體之間的互動推動了世界的發展。主體和客體不是分離的，主體不可能獨立於環境之外，而是參與其中。在這個「參與式」的世界裡，沒有人是被動的，我們的所作所為、所思所想和生活態度都能在與這個世界的相互連結中產生影響。

　　每個人都在積極地參與創造我們自己的世界，正如普里高津（Ilya Prigogine）所說：「所謂的現實，無非是透過我們的積極介入而展現出來的東西。」在大多數企業的考核中，負責考核工作及參與考核的人員不同，考核的結果就會不同，即使參加考核的人也追求公平公正。對系統而言，任何介入都必然導致改變。

　　按照這一邏輯，如果沒有親自參與計畫的制定，人們就

第 3 章　從原子到量子管理：我去向何方

不會對計畫的目的和執行過程真正感興趣。在組織行為管理這一領域，我們感受最深的一點是：人們願意支持自己參與其中的事物。我們不可能強迫他人服從我們的目標，人們只有參與了某個計畫的制定過程，親自經歷過，才能有所體會，也才能提出自己的建議。激發人們主角意識的最好辦法就是：讓執行者自己制定行動計畫。如果僅僅將制定好的計畫交給某個人讓他照此執行，往往是不會有好結果的，無論這個計畫制定得多完美、多準確。

讓員工知其然，更知其所以然，他們才會有創造性並將其想像力釋放到工作中，而不是簡單地聽話、照做。管理實踐中可以透過目標管理培養員工的企業家精神，讓他們看得到企業的現狀，理解為什麼這麼做、企業如何創造客戶、他們的工作意義何在，從而抬高他們的視野，讓他們能夠站在企業家角度看企業，此時再看自己的任務，他們將會意識到自己的績效將影響企業的興衰存亡，他們才會承擔起達到最高績效的責任。OKR（Objectives and Key Results）即目標與關鍵成果法，是由英特爾公司前 CEO 安迪・格魯夫（Andy Grove）根據杜拉克的目標管理理論設計的目標管理工具。OKR 在 1999 年建立後，陸續推廣到 Google、甲骨文、奇異、領英、臉書等國際知名企業。作為新型目標管理工具，OKR 受到越來越多的創新型企業的歡迎。

八、從被動性到參與性

　　OKR 以由下而上的方式設定，員工首先根據自身的情況，如工作能力、擅長領域等設定 OKR 目標，然後與上級充分討論，討論的目的是確保員工所設定的目標具有合理性，即與企業的願景、使命及策略相符合。這就可以讓員工清楚地了解目標的來源和去向，同時目標也能與個人情況更為同步。OKR 是目標和關鍵成果的追蹤與監督工具，與員工的薪酬、福利、晉升等無直接關係。因此，員工不用局限於具體指標的完成度，不用擔心具體指標影響自己的利益。在 OKR 設定過程中，員工全程參與目標和關鍵成果的制定，這不僅能夠充分發揮員工的主觀能動性，還可以鼓舞員工設定更高的目標，讓員工「站得更高，望得更遠」。只有幫助他們站在企業家的角度理解工作的意義，深度參與經營管理的各個面向，才能釋放他們的能量和創造力。真正的成就感、自豪感來源於積極、負責任地參與企業的經營和管理，沒有參與感，就沒有成就感。

第 3 章　從原子到量子管理：我去向何方

第 4 章
量子領導者：一趟覺醒之旅

第 4 章　量子領導者：一趟覺醒之旅

　　量子時代，領導者將面臨工業革命時代以來的一場歷史性思維變革，這需要從基礎上建立一套全新的基於量子隱喻、假設和價值觀的領導力體系，以此更好地適應和引領快速迭代和充滿不確定性的網路時代。

一、突破框架，自我覺醒

1. 突破框架

要想成為量子領導者，必須先擁有量子思考。大腦是人體最複雜的器官，也是已知的世界上最複雜的結構，人腦具有三種獨特的思維。第一種，線性思考，即理性、邏輯的思考方式，能夠創造概念、範疇以及遵循牛頓原子正規化的心智模式。第二種，聯想思考，其來源與情緒、感覺、身體記憶相關，並不受限於規則，而是遵循習慣。第三種，創造性和反思思考，它能打破舊有規則，創立新規，辨識並質疑一些假設和公認的心智模式。

通常，領導者受自己已經知道的、了解的、習得的以及思考習慣的制約，常常為頭腦裡的正規化、信條、偏見所困，僅僅在舒服、熟悉的領域中思考。手裡拿著錘子，看什麼都像釘子。因此，領導者急需將自己的視野放大，這種獲得更大視野的過程就是「超思考」。

超思考是最典型的量子思考。不管是線性思考還是聯想思考，都會將我們困於「魚缸」之中，線性思考囿於規則，

第4章 量子領導者：一趟覺醒之旅

聯想思考囿於習慣，這兩種思考方式都將我們局限在單一模型或者單一視角之中。而量子思考的關鍵在於，它能夠將我們帶到任何一種特定的模型或視角的邊緣，從而使我們得以超越。透過培養量子思考，領導者能夠學會處在各種模式的邊緣（這些模式包括看待環境、問題、機遇的方法），從而在應對瞬息萬變的現實情況時，隨時都能有新的視角來制定策略和決策。領導者要擁有自發性，必須卸下防備，展現自身柔弱和真實的一面，接受生活中的一切可能性。

傳統領導者生活在一個非常自我的文化中，無論是在私人生活中還是在各式各樣的組織中，既沒有反思的習慣，也沒有促進反思的體系，領導者極少甚至根本不會花時間了解自己或是審視內心。而要擁有量子管理思維，首先應擁有「深層次的自我」，這是隱藏在我們內心深處的真實個性，透過日常的行為和思想得到表達。這種深層次的自我能使領導者擺脫自尊的種種限制，賦予領導者遵循內心最高動機來行動的力量；這種深層次的自我使領導者能夠挖掘自身無限的潛力，傾聽內心深處的召喚，傾聽良知和責任感的聲音。

高層次的企業家，是思想的創造者和管理者。縱觀全球，每一個產業內的佼佼者都是產業內先進思想理念的引領者。企業不僅內部要有良好的、統一的文化，還要有對外引領整個產業發展的思維，要為全產業做出前瞻性指導，發揮

引領作用和領袖風範。大企業時代更需要大企業家、管理思想家和策略思想家。在發展觀上，要把人類的福祉、國家的政策、產業的利益與企業發展策略相結合，在利益分配上應該遵循分享的原則。在管理實務中，要把環境保護、安全、社會責任放在速度、規模和效益之前。企業家要樹立終身做企業的觀念，要站得更高，要有一往無前的企業精神和人生態度，這樣才能帶領企業在追尋和實現「夢想」的過程中做出更大的貢獻。

2. 自我覺醒

每一個員工都有豐富的心靈與巨大的潛能，管理者只需要將其內在的良知良能喚醒。員工的內心世界就像一個藏滿寶藏的盒子，在這個盒子裡，有智慧、有理性、有意志、有品格、有美感、有直覺等生命的能量。如果我們不能揭開人類心靈的神祕面紗，我們就無法真正理解管理者的真諦；如果我們不能潛入人類靈魂的最深處去感悟生命的神奇，我們就永遠找不到引領者的力量。

蘇格拉底（Socrates）曾說自己是「智慧的催生者」。他利用「催生術」將那個時代的人們的心靈一次又一次從蒙昧狀態中「喚醒」。我們的員工，特別是我們認為業績不好的員

第 4 章　量子領導者：一趟覺醒之旅

工也需要被「喚醒」，我們應該喚醒員工心靈深處的天賦潛能和內在力量，讓員工從「蒙昧」中醒來。

領導的目的不在於傳授和灌輸某種外在的、具體的知識與技能，而在於從心靈深處喚醒員工沉睡的自我意識、生命意識，促使員工價值觀、生命力、創造力的覺醒，以實現自我的意義。領導的過程也不僅僅包括從外部引導員工，還包括喚醒員工內在的心靈能量與人格理想，解放員工的智慧，發展員工的潛能，激發員工的生命創造力。

當員工的求知欲與生命力量被喚醒後，就會自覺主動地探索未知的世界，而這個探索的過程也就是員工自我喚醒心靈智慧的過程。領導是為了不領導，也就是為了引導員工進行自我領導。員工能夠進行自我領導時，就會全心全意地投入學習與生命成長中，這種親身的體驗以及知識的獲取是經過他們自己驗證的，這樣也就將員工獨立思考的能力培養了起來，員工有了自我思考的能力，也就有了明辨是非的智慧，就會留心發現周圍的世界，探究其中的道理，並思考怎樣與世界發生連結。在這個探索的過程中員工自然會得到成長的力量，並一定能找到自己生命的意義與方向。

自我覺醒的前提是具有「場獨立性」。「場獨立性」是個心理學術語，指的是能夠公然違抗大眾觀念，或者打破自己之前的既定思維。領導者應具有堅定的人生信念，即使它會

讓自己變得孤立。只有了解自己的思想，堅持自己的觀點，才能洞悉自己所處組織的主流觀點或文化，才能置身突發狀況之外，看清事情的本質。「場獨立性」要求領導者能夠跳脫既定模式與思維，能夠發現自己什麼時候犯了錯，更要能夠擺脫掉各種糾纏不清、可能禁錮自己的東西，如貪戀、怨恨、憎惡、嫉妒、渴望被他人誇獎或希望他人給予。

量子領導者強調人與人之間互動的「同理心」。同理心是主動地感受別人的感受，願意參與其中。以同情、理解對方的心態去行動，會為我們帶來大智大慧，帶來新的思路、新的力量。

3. 開發靈商

量子管理學的創始人丹娜‧佐哈主張開發「靈商」。靈商（Spiritual Intelligence Quotient，SQ）即對事物本質的靈感、頓悟能力和直覺思維能力。量子力學之父普朗克認為，富有創造性的科學家必須具有鮮明的直覺想像力。無論是阿基米德（Archimedes）在澡盆中獲得靈感，最終發現浮力理論，還是凱庫勒（August Kekulé）因為做了關於蛇首尾相連的夢而發現了苯環結構，都是科學史上靈商躍進的不朽案例。

第 4 章　量子領導者：一趟覺醒之旅

丹娜・佐哈強調，要開發員工對事物本質的靈感，要讓員工有頓悟能力和直覺思考能力。組織要激發人的創造力和創新性，要滿足他自我超越的需求，要讓他有巔峰體驗。從這個角度上來說，企業的激勵體系、分配體系，就要更多地去關注員工的體驗和物質以外的東西。這與我們提出的「認可激勵」是一致的。認可激勵即要讓被激勵對象得到成就感，讓他超越自我，獲得高峰經歷和靈性成長。

很多企業的高層管理者們都承認，他們的決策經常依賴直覺，但極少有人把他們的直覺能力公開，更少有人努力去傳播並設法把直覺性的認知整合到組織的發展活動和實踐中。由於網路時代可用的資訊量過於龐大，領導者就必須在管理實踐中不斷探索並經歷新的認知方式，塑造出一個「全腦型」的組織──這樣的組織既能直覺地認知，又能理智地判斷。管理界有一句名言：「智力比知識更重要，素養比智力更重要，覺悟比素養更重要。」因此，在強化智商、情商的同時，我們必須要站在靈商這個制高點上，以期獲取更大的成功。

未來企業的競爭是領導人靈性的競爭。賈伯斯（Steve Jobs）是一個有靈性的人，他說下一波商業浪潮面向的將是意義、人生目標和深層的生命體驗，真正有意義的全球品牌需要包含一種基本的人類關懷和情感，尋找人類共同的價

值,並將其植入品牌中。高靈商的領導者,對自己有更深刻的認知,能夠體悟到自己的內在價值、內在追求。這樣,他就有足夠的能量,可度過任何困境,向著自己的夢想前進。靈商是一種綜合性的心靈的能量。這種能量讓自己與外在保持很好的連結,不僅能感受到人際方面的情感,更能感受到整個世界和生命的相關性。在有利的環境中,他能夠充分運用條件,去實現自己的追求和夢想,去做自己想做的事情。在不利的環境中,他又能更加深刻地激發出創造力和改革的決心,獲得建立新環境甚至改革社會的力量。

4. 使命與價值觀引領

根據量子物理學的觀點,「真空」中存在無形的場。引用到組織中,則是組織中存在一些看不見的影響力,如文化、價值觀、願景、道德規範等。這些所謂的「場」雖然在我們的日常管理工作中不具備實際形態,看不見、摸不到,但其在管理中所發揮的作用卻十分重要。它們能促使組織中的個體形成自己的態度,並且相互作用。顯然,如果能夠幫助組織中的個體達成共識,不但有助於培養和諧的組織氛圍,更有助於提升整個組織的效率。所以,身為領導者要學會運用這些看不見的力量,透過組織文化創造一種團結向上的氛圍,

第 4 章　量子領導者：一趟覺醒之旅

透過價值觀增強組織的向心力，透過願景描述一個美好的未來增加組織動力，透過道德規範指導成員的行為與操守。

在傳統領導思維的影響下，領導者竭盡全力滿足現有的需求，或透過控制需求使得人們對產品產生欲望，也就是創造出供給不足的情形，使人們永遠不滿足，並締造出現代社會的錯覺，讓人們認為個人的精神空虛可以用物質來填滿。然而，量子領導者意識到人們是追求意義的，組織應致力於為消費者提供可能性、夢想和意義。這樣的領導者所推動的組織基礎架構，能夠將自身以意義為中心的觀點、公眾重視工作的目標導向與組織成員的生活經驗相結合。領導者首要的責任是釐清：我要把組織帶到哪裡去？量子領導者會有一個清晰的目標和願景，更為重要的是，這一目標和願景含有馬斯洛「自我超越」的成分。他們會在努力追求利潤的同時，也為商業發展和人類福祉增添一些新的維度。

有一位企業領導者曾經在日本街上的一個小店裡，看到門口掛了一塊牌子，上面寫「本店 152 週年店慶」。他很好奇，這家店竟然有 152 年，走進店裡一看，推測（店面）不會超過 20 平方公尺，兩位老人在裡面做糕點。他們家的糕點連日本皇室都來訂貨，老人的孩子在京都大學讀書，不過畢業以後，也會接手把這個店經營下去。兩位老人過得快樂、舒適。

一、突破框架，自我覺醒

　　成功的公司與普通公司的不同之處就在於：它勇於迎接巨大的、令人望而生畏的挑戰——就像攀登一座高山一樣。《基業長青》(*Built to Last*)一書提出「宏偉的、大膽的、冒險的目標是促進進步的有力手段」。真正成功公司的目標是明確的、有吸引力的，能夠把所有人的努力匯聚到一個點，從而形成強大的企業精神。一個真正的目標具有強大的吸引力，人們會不由自主地被它吸引，並全力以赴地為之奮鬥。它非常明確，能夠使人受到鼓舞，而且中心突出，讓人一看就懂，幾乎或完全不需要解釋。目標的高低決定了企業業績所能達到的極限。

第 4 章　量子領導者：一趟覺醒之旅

二、互動關聯，激盪能量

在傳統領導思維下，每一個孤立的組成單元都在冷酷地追逐自身利益，不理會彼此間相互的關聯。但管理者不能把組織劃分成一些相互競爭的孤立部門和職能團隊，衝突和對抗的舊模式必須讓位於動態整合的新模式。當個人融入更大的工作整體時，新模式必須保證個人所關心的完整性。在量子管理思維看來，個體與個體之間的充分連結和互動，將產生難以預測的創造力。量子型管理者注重關聯和互動，將個體蘊於關聯之中，在互動和碰撞中升級智慧和創造力。個體孕育觀點，互動產生價值網，互動交流產生聚合效應，產生群體創新。在量子管理思維引領下，組織的基礎架構能夠激勵各種關係的建構，包括領導者和員工之間的關係、員工之間的關係、各部門和職能團隊之間的關係等。量子領導者既能了解企業的環境——人、組織、社會和生態環境，也能建構並激勵與環境進行溝通對話的基礎架構。

量子物理學認為個體系統的狀態，具有參與的性質。這就要求領導者注重參與，注重授權。「參與式」管理應用到現實中，主要表現為藉助民主參與，組織成員群策群力，在選擇權、決策權、參與權和受益權方面得到公平對待。參與

二、互動關聯，激盪能量

式管理與以往傳統權威式的管理模式有所不同，其基本原則是給予組織成員更多的決策參與權，同時賦予下屬相對於其本職職位較大的控制權和選擇權。參與式管理讓組織中的管理者摒棄了對下屬命令式、監督的管理方式，組織成員可以積極發揮個人主觀能動性，對組織的事情更加關心，積極參與組織的決策制定，增加對組織的歸屬感和責任感，從而在無形中提升工作熱情和士氣，提升工作滿意度，同時提升決策品質，保證決策順利運作。

每一個事物在世界上都不是孤立的存在。企業裡雖然有不同部門，但也需要打破「部門牆」，開放地合作，互通有無。注重關聯，就是要在一定程度上打破恆定的部門界限。在矽谷，很多世界級網路企業的總部的辦公空間並非傳統的隔間，而是開放式的辦公室，甚至很多管理者都沒有自己獨立的辦公室。據說在臉書總部，公司內的茶水間和休息室都經過重新規劃，可以促進不同部門的員工更多地交流。顛覆傳統的工作環境，意味著員工之間有充足的互動，而創意往往是在互動之中產生的。高頻率的互動在相當程度上決定著現代企業的營運能力，在以 Google 和臉書為代表的矽谷創新型企業中，組織結構一般都是基於任務或專案的，這種組織結構既靈活，又能使員工不斷與其他部門產生連結。除此之外，在臉書，員工不僅能自由選擇職位，而且每隔一年

第 4 章　量子領導者：一趟覺醒之旅

半,工程師就必須暫停本職工作,加入其他專案,而在一個月之後,可以選擇回到原來的團隊,也可以決定加入新團隊。透過這種方式促進內部流動,從而促進資訊的流通,而創意就產生於這種流動中。在 Google,有一個全體員工都能參與的學習專案,即「Google 人對 Google 人」(Googler 2 Googler),每個員工都可以開設自己的課程,向其他同事提供教育訓練,這些課程可謂五花八門 —— 既有技術性很強的課程,比如搜尋演算法的設計、MBA 課程,還有其他純粹娛樂性的課程,比如走鋼索、吐火或者講解腳踏車的歷史等。這些課程,不僅增強了每個人之間的連結,而且帶來了新鮮的精神風貌,有助於營造更具創新性、更快樂、更有生產力的工作環境。

一個人想從生活中或是工作中獲得財富,他必須學會給予和服務。在一個相互連結的宇宙中,給予得越多,得到的也就越多。所謂的社會責任行為(如尊重所有的利益相關者、愛護環境等)實際上不過是一種常識性的認知。領導者一旦開始使用量子化行動的技能,他們就會發現組織在「做善事」的時候真的也可以經營得很好。在次原子維度,物質只有透過連結才能產生。同樣,只有透過關聯,一個人潛力才能得到釋放。當一個人開放地去關聯時,新的實體就會產生,新實體的能量要大過兩個人能量的簡單相加。

二、互動關聯，激盪能量

關聯是基於無條件的、積極的尊重。如果領導者擁有自己的感覺，而不是把感覺投射到別人身上，他就會發現所有的關聯都是特別的學習機會，個體會開始明白沒有任何機會是毫無理由地產生的。那些能給領導者最多教益的人通常不是最受歡迎的人，而是對他們的心理和精神的完善以及組織的有效性最有價值的貢獻者。領導者需重新設計組織中的優先次序，創造用於進行對話的時間和空間，相信經過改善的關聯會產生更完善的結果。在做這些事情的過程中，他們會發現進步只是夥伴關係的一個副產物而已，他們會拋棄過時的模型，真正成為變化的主導者，從內到外地改變他們自身，改變他們的組織。

第 4 章　量子領導者：一趟覺醒之旅

三、探索求新，兼容並蓄

　　牛頓式的商業領袖往往相信這樣一種觀點：問題通常只有一個最佳解決方案，只有一種最佳策略，只有一種最佳答案。而量子式系統會同時嘗試多條路徑，並且通常會達到一個創新的終點。量子領導者能夠預測一種情境或者一個問題多種可能的結局，透過盡可能地採納其他方面的意見，探索多種可能的解決方案。這使得領導者能夠為急速的變化和不可預知的情況做足準備，並且更容易理解各種複雜局面。

　　量子型領導者培育探索求新的能力的主要路徑是實現從「線性思考」向「複雜非線性思考」的轉型。現實工作中，傳統領導者往往愛用「線性思考」進行思考，也早已習慣了用「線性思考」去看待複雜世界。但這會讓我們對很多事物進行錯誤的判斷、選擇以及預測，讓我們錯過大好的機會、得出與事實背道而馳的結論。如果不能對自己早已習慣並不斷自我鞏固的錯誤思考方式進行覺知並刻意改變，我們就會繼續沉迷其中，結果只能是與真理越走越遠。

　　我們面臨的管理問題已經從「複雜」轉換到了「錯綜複雜」。複雜的事物或許有很多個部分，但是這些部分是以比較簡單的方式彼此連結的：一個齒輪轉動了，其他齒輪也會

三、探索求新,兼容並蓄

轉動。即使是內燃機這樣的複雜裝置,也可以被分解成許多有著內在連結的小部件。一旦設備中的某一個部分被啟動或改變,我們就能夠比較確定地推測按下來會發生什麼。而錯綜複雜和複雜不同,它也含有很多個零件,但是零件與零件之間的關聯性更強、更多,互動的密度更高、更活躍。如果說複雜系統的特徵是「線性運作」,那麼錯綜複雜的系統的特徵就是「非線性運作」。非線性運作是造成不確定性的主要原因,它使得事物的發展結果難以預測。量子型管理者處於有序和混亂之間,處於粒子態和波動態之間,也處於現實存在和潛在可能之間。量子領導者必須非常靈活、反應敏捷,處於「邊緣」之上。組織也必須不斷發展,責任和身分的界限不斷變遷,實驗新的生活工作模式,獲得新的資訊源和新的技術系統。

量子管理強調「兼容並蓄」,而不是「非此即彼」。在量子領導思維下,量子組織應該有可以綜合不同層次責任,適應各式教育、專業和職能背景的基礎架構,並且這種基礎架構能有助於權力和決策下放,真正達到「百花齊放」。

量子領導者的管理思維強調「灰度」,不求全責備,允許犯錯和失敗,他們會建立內部測試機制,鼓勵迭代創新與顛覆式創新。這樣的組織具有包容性的文化,不用一套標準、一個「模型」去評價人才;能夠釋放人性,讓個體自由

第 4 章　量子領導者：一趟覺醒之旅

發揮、自由碰撞，實現價值創造最大化。公司不再只是實現組織目標的場所，也是員工不斷學習、成長、自我實現的場所。領導者擁抱多樣性意味著理解一個問題或者推導一個策略的最佳方式，是盡最大可能得到關於這件事的盡可能多的觀點。這就是認知多樣性。真正的多樣性意味著熱愛或者至少珍視不同的觀點，當然，這需要領導者更加謙虛地看待自己的觀點，並要求領導者確保自己能夠做到自我質疑。為此，領導者應深信真理來自衝突或是某種自組織中的潛力。

「灰度」管理哲學體現出典型的「認知複雜性」特徵，即能夠對某一事物的多個側面進行認知和探索，同時又能對每一範疇中的矛盾或對立的兩種影響因素進行分析；另一方面，這樣的管理哲學能夠在這兩種矛盾因素中形成統一的對策，並且將相關的多側面的範疇因素整合到對事物的整體認知和掌握中。「灰色」就是黑與白、是與非之間的地帶，灰色的定義就是不極端，在繼承的基礎上變革，在穩定的基礎上創新。這種「灰度思維」除了可以應用於企業的研發政策與管理外，還能廣泛地應用於策略目標、市場政策、組織設計（人員培養與文化建立），以及產權與利益分配等諸多方面。

四、平衡掌握，共享雙贏

1. 和合平衡

　　量子領導者需要培育基於陰陽平衡的和合能力。比如，要處理短期效益和長期發展的關係，要處理產品創新和生產效率之間的關係，要處理股東、客戶、員工和社區之間的利益平衡關係，等等。在組織層面，要考慮科層制和扁平組織之間怎麼平衡，跨域、無邊界和職責清楚之間怎麼平衡，集權和分權、有序和無序、組織內部的分工與合作之間該怎麼平衡，正式組織和非正式組織又該怎麼平衡等等。

　　就組織架構而言，企業不會是絕對的科層制或者完全的扁平組織，而應該是科層制之中有扁平組織的影子，扁平組織中也有科層制的原則，兩者之間往往是融合的關係。再如激勵，是團隊激勵還是個體激勵？團隊激勵有利於團隊合作，但可能會打擊優秀個體的積極性。如果強調個體激勵，又可能會削弱個體之間的團隊合作。此外，物質激勵和精神激勵又該是什麼樣的關係？過分強調物質激勵，有可能會削弱員工的內部工作動機和對工作的內在報酬感，而缺乏物質

第 4 章 量子領導者：一趟覺醒之旅

基礎的精神激勵又可能是海市蜃樓。那到底什麼情況下才算是平衡？

再比如，我們是要強調員工的自我管理還是要加強考核？考核是要以過程為主還是以結果為主？工作是要為人而設計，還是依照工作需求找人？在培訓的時候要更為強調專業技能的培訓還是通用技能的培訓？對員工行為的約束，更多的是要依靠制度還是要依靠軟性文化來約束？

在管理風格方面亦然。比如，管理者到底應該以自我為中心，還是以他人為中心？管理者跟下屬之間是應該保持一定的距離，還是要跟大家打成一片，拉近距離？或者說在什麼情況下該保持距離，什麼情況下該拉近距離？做管理者的要同等對待所有的下屬，還是要根據下屬不同的個性，不同的特點區別管理呢？我們是應該加強管控還是提倡無為而治？

所有的這些都不是非此即彼的。一個優秀的量子型管理者能夠有效處理這些矛盾，將其統一在動態發展的平衡當中，並透過這種動態平衡獲得組織自身的發展。這種能力實質上是一個組織核心能力的展現。那些能夠實現良好平衡的組織才能走得更久、更遠。當組織所處的外部環境比較簡單、穩定、線性、可預測的時候，組織的功能就很單一。而隨著環境越來越動態、模糊、不可預測，客戶的需求更為多

樣化，企業的策略和組織本身就必須具備一定的二元性和矛盾性。

一個典型的例子是豐田。豐田的生產管理風格一直在業界非常有名，被稱為「豐田模式」。在用好標準化、專業化和有效率的流程管理方法的同時，還能夠融入員工的自我管理和民主管理的要素，這使得豐田這種特有的「豐田模式」取得了剛柔相濟的管理效果。

另一個例子是IBM。IBM前任CEO葛斯納（Louis Gerstner）在他的著作《誰說大象不會跳舞》（*Who says elephants can't dance?*）中提到如何把IBM這麼龐大的一個企業，打造成具備小企業般敏銳的市場反應能力的「會跳舞的大象」。一般而言，當企業規模擴大的時候，帶來規模效應的同時，也會失去對市場的反應速度。如果企業能夠做到既有大規模企業的穩定和效率，同時還不至於失去小企業的靈活性，那麼這種企業就能夠走得更遠。柯林斯的《基業長青》一書也得出了同樣的結論：那些高瞻遠矚的公司秉持相容並蓄的精神，不斷地尋求保留核心能力和追求進步之間的平衡。也就是說，企業有一些核心內容要穩定保留下來，但另外有一些需要不斷地去變化、去創新，兩者之間要維持平衡，在公司之中和平共存。

有的企業透過組織結構的空間分割，專門設立一個機

第 4 章　量子領導者：一趟覺醒之旅

構，去瞄準產業的最新技術，嘗試各式各樣的創新。對這種創新機構的管理非常寬鬆，組織結構高度扁平化，也不考核它們的盈利指標，使得創新氛圍很濃。但是對其他部門，則採用傳統的短期利潤導向的考核。站在組織的層面上，這種空間分割既能培育未來的核心競爭力，適應未來競爭所需，也能夠用好組織現有的技術和產品，獲取短期的盈利。有的企業透過時間上的分割，來達到短期效益和長期發展的平衡。比如，在專案初期孵化階段做大量的投資，管理上也很寬鬆，不做各種利潤指標的考核。當專案成長到比較成熟的階段時，就成立事業部，開始轉變管理模式，強調規範管理，考核短期利潤，讓員工的收入跟利潤掛鉤等。因為企業會在同一時間段同時孵化和運作不同的專案，這些專案和事業部所處的生命週期不同，因此從組織層面來看，此舉保證企業同時具備當前的競爭力和未來的競爭力。量子領導者能夠調和不斷變化甚至時而相互矛盾的各方需求。

簡而言之，管理者就是要認知平衡、掌握平衡，讓組織和個人能夠在動態平衡之中得到發展。

一方面，需要研究管理中各類平衡的內容和形式，大致可分為策略平衡、組織平衡、領導平衡、人力資源平衡等方面。其中，策略層面至少存在三大平衡：短期效益和長期發展的平衡；產品生產的效率與創新的平衡；利益相關者的平

四、平衡掌握,共享雙贏

衡。組織層面至少存在四大平衡:分工與合作的平衡;集權與分權的平衡;契約與關係的平衡;規則與例外的平衡。人力資源管埋的平衡內容更多,如個人與團隊怎麼平衡;競爭與合作怎麼平衡;人力資源制度與管理者的能力怎麼平衡;物質獎勵與精神激勵怎麼平衡;自主管理與加強考核怎麼平衡;制度約束與文化管理怎麼平衡等等。除了上述平衡,不同層面各要素之間可能也需要平衡,比如策略和組織之間怎麼平衡,組織和管理之間怎麼平衡,組織和人力資源管理之間怎麼平衡等等。

另一方面,需要關注平衡動態演變的過程,關注組織從平衡到不平衡再到重新平衡的過程和機制。組織中各種不平衡可能是常態。組織達成平衡的過程是組織策略升級和組織發展的過程。舊的平衡狀態存在過久,可能會產生一種惰性。這個時候我們就需要主動打破舊的平衡,建立新的平衡,這種過程其實就是組織變革。每一次重新達成平衡的過程,都是組織發展和組織能力建設的過程,組織的核心能力和對環境的適應能力都會隨之提升。我們還要研究平衡的動態性和相對性。平衡是動態的,它意味著情境中各種力量的變化會隨時打破現有平衡,這個時候就需要去尋找新的平衡點,尋找動態的平衡點,要綜合情境中各種力量而做出反應。

第 4 章　量子領導者：一趟覺醒之旅

2. 雙贏共享

　　量子領導者透過運用整體性思維，能發現在許多不同種類的事物之間存在更為深層次的共性。在精神層面上來說，整體性思考方式能使領導者更深入了解問題。擁有整體性思維的領導者可能極其依賴直覺，這本身就是一種最初的對於模式、關係和相關性的前邏輯感知。這種領導者對於內部工作組織、內部工作情況非常敏感。在整體中，他們會擔負起屬於自己的責任，同時也能清楚地意識到整體會對自己和他人造成的影響。量子領導者的整體性使部分或個體都可以成為一個體系，也使組織變成一個複雜的、自組織的自適應系統，並充滿創造力。

　　組織中的人事關係不再是簡單僱傭與被僱傭關係，而是相互僱傭、相互合作的關係。要從招募人才到邀請人才合夥，從僱傭人才到追求與人才合夥，建立分層人才合夥制。透過共識使大家為了一個共同的目標聚合在一起，透過共同承擔使責任能夠下沉，透過共創使權力能夠下放，最終實現共享。

　　在企業目的方面，量子思考告訴我們，股東利益只是企業的其中一個目標，企業的目的應包含社會進步、股東回報和員工幸福三個方面的內容。片面強調股東至上只會讓企業

四、平衡掌握，共享雙贏

發展短期化，使企業失去社會基礎和員工支持，喪失活力。股東只按出資額在股東會行使相應權利，同時也只承擔以出資額為限的相應責任，公司則擁有相應的法人財產權，是自負盈虧的獨立的法人主體。從這個意義上看，股東可以透過分紅和買賣股票而獲利，也可以透過股東會行使相應權利，但公司並不屬於股東。

傳統的企業由於過分強調股東至上，一些股東把董事會當成提款機，董事也唯股東是瞻，某些股東透過董事會和管理層掏空公司的事情屢有發生。還有一些股東以短期套利為目標謀求上市公司控制權，進而以短期市值為目標，誘使企業董事會和管理層減少技術創新等長線投資，再利用短期高利潤拉升股價，最後高點減持獲利，在這個過程中，管理層也拿到了高薪和獎勵，卻損害了員工利益，這使一些上市公司淪為反覆套利的工具，最後損害了公司的健全發展。

隨著資訊時代和網路時代的到來，公司的資本形態發生了重要變化，資本不再只是機器和廠房，有創造力的員工成了企業最重要的資本，雖然資產負債表上沒有記載企業的人力資本，但員工能力已經成為企業創造財富的動力泉源。在這個時代，企業應該成為一個財富共享平臺。實際上，建設共享平臺已經成為今天優秀企業的自覺選擇。華為等高科技企業採用員工持股等方式，用「財散人聚」的思想使企業得

第 4 章 量子領導者：一趟覺醒之旅

以快速發展，極大地提升了員工的積極性，增加了企業的向心力和凝聚力。

其實，員工持股也是當代世界的潮流。透過員工持股，員工不僅可以分享企業創造的財富，還可以真正獲得身為企業主角的歸屬感。除員工持股外，讓員工分享企業財富的辦法還有分紅，這也是一些跨國公司廣泛採用的分配制度。員工分紅方法的核心在於把企業的利潤直接分享給員工一部分，其餘的歸股東支配，員工不一定要持有股份，依照這種方法，員工每年都能根據企業的效益估算出自己的收入水準。不少跨國公司是管理層獎勵股票，而員工享受現金分紅。

在企業機制改革中，要深刻理解共享理念的深層次意義，積極引入共享機制，應該整合資產保值增值和員工以人力資本參與利潤分配，大力推行員工持股和員工分紅計畫，建立員工利益和企業效益之間更加緊密的關係，提升企業的活力和競爭力。透過共享企業財富的機制，使企業成為與員工共享的創富平臺，讓員工憑真誠的勞動致富，如此一來會對企業發展產生更加強勁的推動力。

五、自下而上,服務利他

傳統的領導者往往被視為「老闆」的同義詞,它傳遞了這樣的訊息:只有身在高位的人才是「領導者」。正是由於這些根深蒂固的習慣,我們傾向於把職務權威混同為領導力。但實際上,領導的本意是「向前邁進」的一種行為,而且這種行為方式能夠鼓舞他人。「鼓舞」是另一個與領導力相關聯的詞,它的本意是「帶來生命」。「管理」這個詞的本意是「插手介入」或「控制」。在如今的世界,過往原子式的思考已經無法妥善處理現在的情況,組織已經無法憑著命令、指令來應對管理事務的複雜性。

量子領導力思維強調來自非職權的影響力。量子思考下,整個組織的驅動力、能量來自信念,而不是來自權威;組織的動力不是來自高層,而是來自基層;組織的智慧不再是自上而下形成,而是由下而上形成,上下聯動;管理的驅動機制也不再來自指揮命令系統,而是來自使命驅動和自我驅動。領導者不是發號施令者,而是服務者,是支持者。服務型領導者靠願景引導企業,靠與員工建立信任關係來領導企業。量子領導者為員工提供成就自我的平臺,在團隊成員清楚了所有情況之後,領導者就應該離開,把位置留給他

第 4 章 量子領導者：一趟覺醒之旅

們，讓他們承擔責任，自主性地做出決策。管理者要做的，就是在旁為團隊提供服務和支持。

服務型領導者理念最早是由美國管理顧問羅伯特‧格林里夫（Robert Greenleaf）於1970年首次提出的。「誰願為首，就必做眾人的僕人」，格林里夫據此發展出的服務型領導者理念正在引領一場管理領域的革命。在《服務型領導者》一書中，格林里夫精闢地歸納了服務型領導者的特徵，主要包括傾聽、接納和同理心、省察、說服、醫治、管家意識、預見等。格林里夫認為服務型領導者首先是僕人，他懷有服務為先的美好情操，他用威信與熱望來鼓舞人們，確立領導者地位。在今天的企業中，顧客是組織最重要的資源，組織一切成就的根本在於了解並滿足顧客需求，提升顧客的滿意度。組織與顧客的關係不再是一次性的，而是終身的合作夥伴關係。顧客也是組織的一員，並且是組織中所有資源服務的對象，不斷提升顧客滿意度是組織生存與發展的根本保證。「有了滿意的員工，才會有滿意的顧客」，領導者必須滿足員工的基本需求，為他們掃除工作中的障礙，讓員工得以全心全意地為顧客提供服務。

將權力下放給每一個部門主管，使每一個小的業務部門都能自己做出適合本部門發展的正確決定，並對自己的決策負責。權力下放後，量子領導者只以一個服務者的形式存

五、自下而上，服務利他

在。翻轉的「倒金字塔」結構是：接觸客戶的員工在第一線，領導者在下層，領導者從原來的指揮者變成了資源的提供者。第一線的員工是與客戶緊密接觸的團隊，可以是銷售人員、售前技術人員、售後技術人員等。而「炮火」則包括市場競爭中客戶的需求、對手的情報和資源、市場環境，以及公司賦予的各類資源，包括團隊人員、支援人員、成本、物流、設備等。

第 4 章　量子領導者：一趟覺醒之旅

六、賦能無為，釋放人性

1. 釋放人性

　　根據原子式思維，組織中的每個個體只是一個分子，一顆螺絲，一個工具，孤立而渺小，價值有限，必須和其他的分子組合、藉助組織才能產生能量。但是，量子式思維講求尊重個體的力量，同時尊重群體智慧的力量。相對於對物的管理，對人的管理難度更高，因為在整個動態的管理過程中，充斥著世界觀和價值觀的衝突、性格特點和人文特點的衝突以及成長經歷和知識結構的差異性，人與人的關係始終處於不穩定、不可預測的狀態。量子型領導者承認個體的力量，尊重人才個體的獨特性與獨創性。渺小的個體可能也會產生無窮的力量，成為高能量個體，微小的創新可能會帶來顛覆式的變革，個體力量的聚合和爆發可能會帶來整個體系的量變和質變。因此，量子型領導者提倡要尊重每個微小個體的話語權和參與權，強調群策群力。這與工業文明思維強調企業家個人智慧、個人驅動力有所不同。

　　用量子思考來重新理解管理，領導者的角色自然會發生

六、賦能無為，釋放人性

轉變。傳統管理模式下，領導者像是大海中的燈塔，站在高處引導和決定著員工的行動方向和行為。而在混沌的環境中，「燈塔」本身可能也會看不清方向，不能承擔獨自決策帶來的組織風險。量子管理思維主張組織機制大於管理，管理機制的核心是發揮人的價值，釋放各種能量，鼓勵員工自由創新，強調組織機制的驅動作用。因此，量子領導者需要放棄權威，放棄高高在上的指令，做一個參與者、組織者、支持者、鼓舞者、觀望者、服務者，從前端轉到後端，從有為轉向無為，以共同的願景和價值觀來激發和組織人，而不是以權威來控制和支配人。量子型領導者需要真正打破傳統階層思維，去主管化，去控制化，強調願景與文化導向。領導者主要負責建標準和建規則，而不再是層層管控。

身為管理者必須理解一件事：控制如果不能增強員工的積極性，實際上就失去了意義。事實上，這已經不是一個強調控制的時代，我們更應該留意到，在企業界被越來越多的人接受的觀念是「將員工變成老闆」，其表現形式往往是「事業合夥人制」。我們承認在沒有任何指導的情況下，員工自主行動將會產生一種混亂狀態，並且對形成共同的奮鬥目標及努力去爭取優秀的工作業績產生障礙。然而，以控制為手段極易導致官僚主義的管理作風，從而磨滅人們的革新精神與創造力。真正的控制只能是來自員工個人的，這種控制才

第 4 章　量子領導者：一趟覺醒之旅

能夠實現管理的高績效。

根據量子管理理論，人的價值不可估量，溝通、互動的價值不可估量，因此需要釋放人性，喚醒個體。這要求組織首先給予員工充分的「自由度」。公司的任務就是創造一個每個人都能發揮個體力量，並且受到他人尊重的環境。量子領導者就是要把權力下放，下放給每一個員工，放手讓員工發揮集體創意，由下而上地為公司注入源源不斷的動力。在 Google，每年都有一個創新清單，每個員工都可以根據自己的興趣，自由加入任何一個專案，也可以中途退出或者加入其他專案。並且每個員工在日常工作中都有 20% 的個人時間，這些時間可用於任何創新專案。Google 的實踐證明：即便有些專案不能夠演變為令人眼前一亮的新發明，也能產生更多厲害的創意菁英。

2. 破除權力的魔咒

對人類文明威脅最大、破壞最慘烈的，首先是不受制約的權力，其次才是自然災害和人類的無知。把權力關進籠子，才是現代社會的核心和人們幸福的牢固基石。

3. 從激勵到賦能

「賦能」最早是正向心理學的一個術語，指透過言行、態度、環境的改變賦予他人能量，後被廣泛應用於商業和管理領域。管理者透過賦能，使員工感到自己被信任，從而積極把握機會，提升個人的主觀能動性和創造性，最大限度地發揮個人才智和潛能。賦能思想認為企業最寶貴的資產是優秀員工，應選擇那些極具天賦、有強烈欲望、渴望成長的人才，提供職涯發展機會，賦予他們責任和挑戰。在網路世界成長的年輕一代已經步入職場。

他們充滿創造力，勇於冒險，自我意識極強，在工作中更多地追求成就感和社會價值。針對這些員工，「控制型」、「激勵型」的管理模式早已失去優勢，「賦能型」的管理模式逐漸成為主流。年輕一代需要更開放的工作環境、充滿朝氣和創意的團隊氛圍以及自身價值被充分認可的激勵機制。

《Google 模式：挑戰瘋狂變化世界的經營思維與工作邏輯》(How Google Works) 一書中寫道：「未來企業的成功之道，是聚集一群聰明的創意菁英，營造合適的氛圍和支持環境，充分發揮他們的創造力，快速感知客戶的需求，愉悅地創造相應的產品和服務。」網路時代大大釋放了個人潛能。在臉書這家全球最大的社交網路公司的月活使用者數量達到

第 4 章　量子領導者：一趟覺醒之旅

20 億時，祖克柏（Mark Zuckerberg）宣布了新使命——「賦予人們建置社群的能力，並讓全球更緊密。」（Give people the power to build community and bring the world closer together）。

有財經作家郝亞洲在他的文章中寫道：網路是去中心的，網路的意義在於個體知識多層化的實現，知識的多層化必然要求權力的碎片化，而「賦能」是個體之間基於信任和平等產生的權力互動過程，實現這樣的互動只有一條路徑，就是將層級組織轉變成網狀組織。對於這種組織的必要性，他做出了更具體的解釋：企業再小，也不如個體的反應速度快。企業要在適度空間內，將處於頂層的企業家智慧讓渡給個體智慧，這才是高級的「組織智慧」。蔦屋書店創始人增田宗昭將這種公司稱為「人性尺度的公司」，將這種組織方式稱為「雲思路的組織」。蔦屋書店是日本規模最大的圖書、唱片、電影 DVD 租賃連鎖店，因其環境優美，可以為消費者提供怦然心動的體驗，而被稱為「全球二十家最美書店之一」。隨著經濟發展進入滿足客製化需求的階段，為了提供給客戶更好的服務，增田宗昭認為，管理者需要將員工從垂直組織的桎梏中解放出來，讓公司中不再有上司和下屬之分，大家都是夥伴，注視同一個方向，在信任和共鳴中，共同為視線盡頭的顧客服務。

六、賦能無為，釋放人性

　　Google 創始人謝爾蓋和拉里的「賦能」很簡單：盡可能多地聘請有才華的軟體工程師，並充分授權給他們，為他們提供自由發揮的空間，對他們來說，那種扼殺員工士氣與靈感的商業計畫書，就像往身體裡移植一個與身體相排斥的器官。為了調動大家的積極性，他們從制度上設立了智囊團會議、事後討論會以及點評日，鼓勵大家說真話、直抒己見。他們重視個體的聲音，認為旁觀者參觀時感到悵然若失的那部分，恰恰是他們的活力之源，旁觀者捕捉到的那種稱之為放蕩不羈甚至異想天開的感覺，就是成功的法寶。

　　約翰‧斯卡利用「樂團指揮」這個詞來描述他在蘋果電腦公司創造一種基於賦能的企業文化，這與我們所講的控制在於個人而非領導者的觀念相類似，他的觀點是：樂團指揮的重要使命是激發創造性。樂團指揮必須巧妙地引發藝術家的創造靈感，有時他會給予指導，因為他知道創作是一個學習的過程，因此必須保證舞臺和布置有助於發揮。傳統的觀念認為管理和創造性是矛盾的。管理機制要求統一、集中、確定，而創造性則需要擴大其對立面，即直覺、不確定性、自由和打破傳統。蘋果的「樂團指揮」致力於消除各種障礙，並保證應需提供資源，以及完成特定工程所需的各種支持。這樣的管理體系讓員工充分發揮創造力，並取得了令人矚目的成就。

第 4 章　量子領導者：一趟覺醒之旅

　　明尼蘇達礦業製造公司（也就是 3M）鼓勵員工將其 15％ 的工作時間用於「不務正業」：無論是立項一個創新研究，還是啟動某個跨部門合作。這種賦能投入的回報也相當可觀：便利貼就是一款於貌似不經意的靈感碰撞中誕生的創新產品，而它卻獲得了風靡全球的佳績，並為 3M 帶來了每年超過 1 億美元的收益。因此，替員工搭建一個創新的平臺，為員工們的即時創想提供表達發揮的空間，給員工嘗試、犯錯的機會，幫助員工在「冒險」中建立自信、不斷成長，也是一種賦能。

　　星巴克的「星巴克夥伴」概念成功搭建了一派獨特的企業文化。賦能、創業家精神、高尚品質和至臻服務是星巴克定義企業價值的核心元素。公司建立了一套嚴謹完善的培訓體系，用以幫助「星巴克夥伴」們向客戶推廣咖啡文化，包括普及咖啡知識、增進客人對咖啡生產地的知識等；針對上了年紀「領養孩子」和陪伴孩子的訴求，星巴克特別闢出了每年兩週的額外帶薪假期，以幫助他們獲得與子女相伴的幸福時光。而對較為年輕的員工，星巴克最近宣布將為他們報銷兩年的大學學費—— CEO 舒茲（Howard Schultz）對這一新推行的教育激勵機制異常重視，他說，不希望「星巴克夥伴」因學歷門檻而落後於這個經濟高速發展的時代，星巴克希望這項措施能夠幫助他們重建「美國夢」。

4. 賦能的策略與雷區

策略一，共享。共享意識是賦能的基礎，賦能要獲得成功的關鍵就在共享意識。在我們的組織架構表中，居於任一個層級的人現在都能看到以前只有高級領導者才能看到的東西。賦能領導者應該向下屬提供資訊，讓下屬了解背景資訊並且互相溝通後，能夠主動做出決策。賦能絕不是簡單的「放鬆控制」，我們還要建立各類機制，說清楚員工和企業之間的職責與權利關係，如何共同創造、共同治理、共同分享。做好資訊共享，可以讓團隊中的每個人都有成為領導者的可能。同時，要警惕用「意義學」上的宏大情懷來否定企業經營的本質，以員工為目的，本質上是為了實現員工和企業的雙贏，而不是員工的單贏。

策略二，成長。傳統的領導者把大部分精力用在組織的績效成長上，而賦能領導者把更多的精力放在菁英員工的成長上。賦能領導者把團隊狀態和組織能力當成重要的大事，切實關注每一個員工在工作中的持續成長，讓他們在做好當前工作的同時得到充分的鍛鍊。稻盛和夫主張把工作當成修行的道場，唯有在工作中持續修行，才能保證自身能力成長的速度大於環境變化的速度。同樣，賦能領導者更要關注自身的持續成長，而且領導者自身的成長速度要大於團隊的平

第 4 章　量子領導者：一趟覺醒之旅

均成長速度，才有資格持續帶領菁英團隊。

　　策略三，授權。領導者都希望對自己的業務和團隊有掌控感，問題是領導者的掌控感多一些，員工的自由度就少一些；領導者的控制多一分，員工的抵抗也會多一分。授權意味著給員工充分的決策權和施展空間，讓員工在工作中能找到創業的感覺。正如里德・霍夫曼（Reid Hoffman）在他的《聯盟世代》（The Alliance）一書中所講的：「僱主與員工之間從商業交易轉變為互惠關係，新型的工作模式是公司和個人相互投資的聯盟創業模式。」只有在這種模式下，才能最大限度地激發菁英員工的才智和潛能，才能讓他們收穫最大的工作樂趣和成就感。《美軍四星上將教你打造黃金團隊》（Team of Teams）一書的作者麥克里斯特爾（Stanley McChrystal）的做法是「雙眼盯緊、雙手放開」，即盯緊各種流程，同時放手讓下屬行動。強調放開，就是說不一定要去控制我們的視線所及之物。

　　策略四，成就。傳統領導者最大的成就感源自組織績效，但通常領導者成就感越大，員工的成就感越小，因為表面上看，一切組織績效都是領導有方的結果。而賦能式領導者最大的成就感來源於員工的成就感，諾爾・蒂奇（Noel Tichy）說：「成功的領導者會教導他人成為領導者。」領導者的成就感不僅源自組織績效，更源自支持、輔導下屬取得

六、賦能無為，釋放人性

成功。領導者要聚集各類資源，讓員工充分接觸使用者、充分接觸各類資源。幫助每個員工尋找隱藏在工作中的成就感是賦能式領導者的重要責任，因為艱難經歷和巨大挑戰的背面就是成長機會和成就感。

策略五，平衡。賦能要不斷「去中心化」，直到找到最佳平衡點。管理階層對現場的了解程度有時候不如前線人員。因此領導者不應該像英雄，而應該像園丁。英雄身先士卒，有著超出常人的決斷力，但在現代社會，英雄越來越少，團隊越來越重要。與英雄不同，園丁式的領導者負責締造組織環境、維繫組織氛圍，這是現代領導者的兩大任務和關鍵職責。

當然，量子型領導者的「賦能無為」需要關照具體情境和界定範圍，「賦能無為」的「地雷」有以下幾個方面。

KPI 並非越細越好。一位經營連鎖餐飲店的在商業演講中提到了自己在 KPI 上走的彎路。他們曾經嘗試把 KPI 細化為一條條績效考核標準：杯子裡的水不能低於多少、客人戴眼鏡，一定要給眼鏡布，等等。但強加式的服務儘管周到，卻讓顧客覺得自己的空間受到了侵蝕，反而不滿意了。因此，KPI 的設定還是應該依現實情況而定。

讓員工保持快樂未必能帶來更高的生產力。管理者往往不遺餘力地推行一些舉措，讓員工保持快樂的心情。比如，

第 4 章　量子領導者：一趟覺醒之旅

設立娛樂室或者讓員工參加旅遊、聚餐、團隊活動等。有的管理者一廂情願地認為，工作間歇中員工的愉悅感，很容易轉化為一種工作動力。然而這些舉措如果放在沒有自制力的員工身上，很可能造成工作效率的降低。

不能一味賦能，忽略衝突。很少有人喜歡衝突，在職場上尤其如此。當管理者賦予員工更多的權力時，工作中難免會產生衝突。而有時，老闆和員工會懷有「就這樣算了吧」、「睜一隻眼閉一隻眼吧」的心態，大家都缺乏解決問題的態度。雖然當時將問題簡單地一帶而過了，但是長期下來，問題的累積將會給企業帶來不利影響。

不能讓員工完全自己管理自己。完全的自我管理是「偽授權賦能」。事實是有經驗的員工給予的引導、指導、支持越多，新員工就做得越好。為什麼管理者經常後悔自己過於放任？因為他們已經被「偽授權賦能」的理念附體。有意思的是，因為具有某種欺騙性，很多被認為是管理過細導致的問題其實是管理乏力所致。員工不知道自己自由決策的邊界，那是因為管理者沒有預先告訴他。必須有人極其仔細地告訴員工哪些是他的職權，哪些不是。必須有人一遍又一遍地告訴員工什麼是能做的，什麼是不能做的。公平之道不在於無差別地對待每個人。不少人都持有一個觀點——每個人都有著與生俱來的價值，因此我們應該無差別地對待每個

六、賦能無為，釋放人性

人。這種錯誤的公平觀導致大多數管理者不願意獎勵員工切實付出的額外努力。許多管理者會對員工說：「我真的很感謝你的額外努力與付出，但我不能特別為你做些什麼。如果我那麼做了，那麼我就必須為其他所有人那麼做。」結果是，低績效和高績效員工拿的報酬幾乎一樣多。報酬這一本來就有限的資源被進一步稀釋，高績效員工的挫折感不斷增強。結果，管理者沒能給予高績效員工應得的額外獎勵，高績效員工失去了繼續勤奮工作的動力，管理者也失去了激勵員工最重要的工具。什麼是真正的公平？基於他們應得的，也就是基於他們的績效，為一部分人多做一些，為其他人少做一些。這才是真正的公平。

第 4 章　量子領導者：一趟覺醒之旅

七、重建秩序，著眼全域性

重建框架需要跳出某個情境、建議、策略或問題，著眼於全域性。對問題（或機遇）進行框架轉換最關鍵的阻礙，可能源於領導者自身的思考方式，因為大多數領導者總是存在固定的思維模式。領導者首先要意識到這個事實，然後去打破或消除既定思維。能夠重建框架的領導者更加富有遠見，能夠對未來進行推測甚至影響，因而更加樂於接受各種可能性。在精神層面，重建框架可被視作為世界或自身帶來新事物的能力。從這個意義上講，領導者對自己的假設進行框架重建就好像是在經歷啟蒙甚至重生。平衡不是生命系統的終極目標，因為生命系統是開放系統，它們要與環境共存，它們不追求平衡，恰恰相反，開放系統維持著一種非平衡狀態。只有遠離平衡，開放系統才能夠變化和成長。事物的發展是在趨向平衡又打破平衡的過程中進行的，成長的趨勢一開始是趨向平衡，成長一旦達到平衡狀態就終止了，要繼續成長就必須打破平衡。

領導者要隨時、到位地分析組織的外部環境影響。外部環境影響包含新技術、新產品和新商業模式的影響。柯達在 1975 年發明了第一臺數位相機，但卻沒有重視和遠見，

抱著當時的「黃金」產品，最終與膠捲一同消失在人們的視野中。最近幾十年，新技術、新產品不斷湧現。這需要企業家、組織的經營決策層對這些新技術、新產品的影響有著很好的判斷力，勇於自我革命。

對產業內現有組織衝擊最大的新技術、新產品、新商業模式往往都不會從產業內產生，而是跨域而來。對於這些新技術、新產品、新商業模式的破壞力，企業家、經營決策層要有充分的分析和判斷。

第 4 章　量子領導者：一趟覺醒之旅

第 5 章
量子組織：無為而有為之道

第 5 章　量子組織：無為而有為之道

原子式組織的特點是層級制，命令逐層下達、各部門之間完全獨立，大家在各自的「深井」中工作，只接受上級的命令。這種組織構架縱向上看層級分明，橫向上看職責清晰，但卻無法面對複雜多變的環境，無法容納自發自動的員工。組織的本質從來沒有變，只不過在量子科學的視角下，我們越來越接近組織的真相。量子管理需要創造一種能整體性的、創造性的、敏感地回應變化的、有高度適應性的新興組織，與環境能持續不斷地進行創造性的共生對話，最後建設一個共生型的社會。量子理論下的組織具備如下幾個特徵。

1. 組織生命體的和諧共生

組織生命體應該具備自主驅動、資源配置、智慧分析、持續改進、價值導向的相關特徵，才能在不確定的外部環境中生存和進化。量子組織中各團隊不再在各自的「深井」中單打獨鬥，組織內部的溝通與流動加強了，部門間建立起了強而有力的關聯，透過互信和目標的分享，融合成一個整體，各團隊運轉的流暢性擴展到了整個組織。

2. 不確定性與疊加態

以不確定性為例,當組織假設員工敬業度出現問題的時候,會採取相應的測量方式去界定和驗證問題,而測量過程發生以後,員工的敬業度又會有所降低。所謂疊加態,以激勵問題為例,員工感到企業的激勵機制出了問題,可能不單單是薪酬體系出了問題,還有可能是評價體系、經營體系,甚至業務體系出了問題,企業表現出的問題是疊加的,所以要系統化地、全面地、動態地思考問題,而非靜態地、局部地思考問題。

3. 動態有序,聚變成長

不確定環境下,組織要實現動態有序和柔性發展。實現組織的動態有序,要求透過管理創新不斷有建設性地打破秩序。用量子思考重構組織,並不是說要把過去的直線職能制完全打破、完全地拋棄結構化,結構產生效率,但要透過動態有序的結構變化改變過去固守結構導致的組織僵固化。

第 5 章　量子組織：無為而有為之道

4. 組織價值的相對論

量子組織的系統是複雜的、充滿不確定性的、難以預測的，隨時處於有序和混沌之間。這個系統同時也是自組織的、由下而上的、具有創造性的，是兼容並蓄的一個多元集合體。在這類組織中充滿了無限的可能性，員工會不斷追求實現自我價值和人生夢想。

5. 組織存續的意識流

在量子觀念中，企業這樣的有機系統不是割裂的靜態的組織，而是以發展為目的的自我進化系統，是永不停歇的組織結構。因此願景、使命和價值觀要成為企業經營和存續的至高法則。

6. 組織進化的間斷平衡和能量躍遷

作為生命體的組織的發展和壯大與進化過程類似，古爾德（Stephen Gould）提出的「間斷平衡」和量子世界觀中的能量躍遷都指引著企業經過長期的累積，不斷積蓄能量。對於

企業的啟發在於：既要不斷累積能量和實力，同時在機遇出現的時候，一定要牢牢把握，最終實現企業的存續和發展。

7. 耗散結構 —— 組織進化的驅動力

組織進化的驅動力來自多個方面，既有同外部的互動，也有內部自驅力量，所以企業的發展要依靠多個驅動力：環境驅動力、業務驅動力和組織驅動力。環境驅動力主要包括技術驅動力、客戶驅動力和市場驅動力；業務驅動力主要包括價值驅動力；組織驅動力主要包括管理驅動力、人才驅動力、文化驅動力。

量子組織的變革包括以下幾個方面。

第 5 章　量子組織：無為而有為之道

一、打破科層制，扁平化

佐哈認為，為適應新的時代特質，企業應打破牛頓式的組織框架，賦予員工由下而上的動力和空間，甚至讓他們參與決策，鼓勵他們充分釋放自己的才能。這種思維下，企業是一個生態系統，變成了提供服務的平臺，將財權、人權、事權下放；管理者們變成了營運平臺的服務者，制定規則、把控策略方向、打造組織能力，而不介入具體的細微運作；員工變成了創業者，不再聽命令執行，而是要自己找方法，從「等、靠、要」變成找機會、蒐集資源、做決策。

組織變革領袖湯姆‧彼得斯（Tom Peters）說：「中層沒有未來。理由很簡單，在公司全球化營運的時代，傳統科層架構會大大妨礙資訊的流動，從而降低企業營運的效率。」因此，減少中層數量是未來組織轉型的大趨勢之一。

扁平化組織結構開始越來越受到一些企業的青睞。從產業來看，目前重視扁平化組織結構的主要是科技企業和網路公司。此外，扁平化管理也越來越受一些致力於轉型的傳統企業的歡迎。扁平化管理可以讓企業更靈活、效率更高，能夠簡化管理流程並根據市場變化快速做出決策。

以一間扁平化管理的企業為例，它們最基本的組織結構

一、打破科層制，扁平化

只有三級：核心創始人、部門領導者、員工。除了核心創始人有具體職位，其他所有人都是工程師，沒有職位。在核心創始人組成的頂層，經營者自己的第一定位是首席產品經理，他80%的時間用來參加各種產品會議，並與相關業務的產品經理、工程師共同決定公司的各種細節。這間公司有產品、行銷、硬體和電商四層業務，每一層業務都由一名創始人坐鎮，每一名創始人都致力於自己所負責業務的快速發展，各自互不干涉。在部門主管者這一層，每個領導者都是專案負責人，除了帶領團隊負責自身團隊日常事務之外，也負責與其他團隊或部門的協調溝通。這些團隊都不會太大，當擴張到一個程度，就會被再次拆分成小團隊，小團隊一般而言會控制在10人以內。最後是員工層，這間公司在成立之初就推行全員持股、投資的計畫。薪酬的組成除了薪資，還有期權，並且每年還有一些內部回購。另外，漲薪是這間公司員工晉升的唯一獎勵。由此可知，他採用的主要是「寬幅型薪酬結構＋期權激勵」的設計。V型薪酬體系縮小了原來數量較多的薪資級別，在同一個薪酬範圍中，薪酬能夠進行橫向的浮動，能力、責任和績效等因素都會影響薪資水準，所以「高薪低位階」也很正常。這種薪酬結構配合一定的期權激勵較能符合組織結構扁平化管理的需求，有利於促進員工的積極性。

第 5 章　量子組織：無為而有為之道

　　另一間服飾品牌集團也從傳統的等級制組織管理，轉向了扁平化組織管理模式。在 2000 年左右，該集團開始探索對傳統服裝製造的轉型升級，顛覆了傳統的大規模生產模式，逐步打造了客製化、訂製化的生產平臺，從過去的「做了再賣」變為「賣了再做」，從「大規模製造」到「大規模訂製」。傳統的科層制管理模式自然無法適應新的商業模式和生產模式，因此它也完全顛覆了自己的組織管理模式。這間集團的組織變革主要基於其創始人提出的原點論。「原點論」就是一切從消費者需求出發，按創始人的看法，消費者需求就是原點，企業所有的動作都應該圍繞消費者需求進行。而為了做到這點，企業的組織架構與管理需要與之搭配。集團的組織變革是以節點管理為核心的組織再造，創始人認為最合理的方式是所有事情都靠流程、靠體系、靠系統，人在其中只擔任輔助作用。基於原點論的組織變革，核心就是「四去兩組」，即去主管化、去部門、去科層、去審批，成為強組織和自組織的平臺化組織，最終形成「全員對應目標，目標對應全員、高效協作」的管理模式。為此，集團專門設立了流程管控中心，不斷形成新流程，同時改善固有流程，即保證流程的修正和迭代。流程上的節點由一個個的員工組成，客戶需求直接對接各節點員工，員工透過系統去解決各種問題，不需要經過審批。大量的中間管理層被取

消，管理者也不再承擔生產、分配資源這類的傳統職能，而是承擔更多的服務和支援責任。員工驅動也由過去內部的 KPI 考核制變成外部驅動，因為節點上的員工直接面對客戶需求。該集團在內部以客服中心為組織管理的中心，即讓客服成為實權部門，所有的客戶需求統一彙集到客服中心，由客服中心點對點地進行指令的傳達，使整個公司協作管理滿足外部客戶的需求。

第 5 章　量子組織：無為而有為之道

二、自組織，無為而治

德國哲學家康德（Immanuel Kant）認為自組織是指一個系統內部各個部分透過相互作用而存在、成長，又透過相互作用而連結成為整體的現象。協作學的創始人哈肯（Hermann Haken）為自組織下過一個經典的定義：如果系統在獲得空間的、時間的或功能的結構過程中沒有外界的特定干擾，則系統是自組織的。錢學森認為系統自己走向有序結構的過程可稱為系統自組織。自組織現象的形成需要滿足一定的條件，包括開放性、遠離平衡態、非線性、突變、漲落和正回饋等。

自組織現象廣泛地發生在物理學、化學和生物學遠離熱平衡的開放系統中，在其他領域，諸如經濟學、社會學，自組織過程也普遍存在。科學管理理論下的企業管理模型強調穩定、有序、平衡，組織與管理的因果關係簡單、明晰。科學管理的目的是透過建立有效的流程，努力把企業建設成一臺完全可控的機器。然而，我們應該意識到，這些因果關係明確、線性的流程，一方面使企業按既有方向有效率地運轉，另一方面卻也阻礙了企業自組織的形成，使更佳的系統功能無法湧現，成為企業無法靈活創新的根本原因。

二、自組織，無為而治

　　一個封閉、有邊界的系統一定會產生熵增，並且熵增是不可逆的。抵禦傳統企業組織熵增的首要任務，就是使組織從封閉到開放。當企業充分地開放，充分地與外界進行能量交換，就能使企業充滿生機和活力，使企業穩健發展。相對於他組織，自組織的優勢是顯而易見的。有教授提出：一個社會系統或是生態系統的自組織化程度越高，就越先進，越具有永續發展的能力，進化也就越快。

　　透過對前面提到的一些例子，如創意開發小組、員工創業、小團隊制等自組織團隊的研究，可以發現它們具備了如下共同特點：第一，去中心化，自組織就控制方式而言，不是集中控制的，而是分散式控制的；第二，具備自我修復能力，能自行變革；第三，管理層的定位變得不一樣了；第四，自組織具有整體大於部分之和的效益；第五，自組織演變的軌跡通常是非線性和突變式的。

　　幾種常見的自組織形態有：（1）平臺上的自組織。平臺是社交網路的基礎，在平臺上因主題、功能而聚集的大量的發生橫向連結的人們會自發地根據任務合作，因任務完成而解散。社交網路中沒有絕對的中心，任務可由任何人發起，任務小組中可能都有大家推舉的協調人，但其並無激勵、約束的手段，因此除了一定的影響力之外，權力的成色不足。例如網路上喜歡翻譯的朋友針對某一本書形成翻譯小組、某

個領域的專業人士因某個知識服務專案形成研究小組等等。（2）特定情境下的自組織。這裡的特定情境往往是指突發事件。在突發事件面前，相關當事人發起組織起來應對，等事件過去、情境消失，這些組織不復存在。自發組織起的小組、團隊中，有自然形成的領導人，但他們並無正式的權力來源，而是憑個人魅力影響周圍。突發事件涉及空間範圍越大，影響時間越長，這樣的自發小組數量越多。（3）分散式結構下的單元團隊自組織。分散式結構下，每個具有獨立責任、權力、利益邊界的小組或團隊如果可以自由連接和組合，整個組織就有了自組織的屬性。

自組織的連結機制往往是共識、價值觀、興趣愛好、文化傳統等心理因素；特定情境下的自發組織（如救災志工團隊）往往靠使命、責任相互連結；分散式結構下單元團隊的重組、重構主要依賴的是彼此共同的目標追求、相互欣賞和信任。公開、透明、共享的資訊是組織連結的前提、基礎和必要條件，也可以將其視作自組織連結機制的組成構件。

三、組織互動，資訊共享

　　量子管理要求建立關聯，在不同的部門、科室之間建立關聯，弱化甚至取消部分層級，讓公司成為一個生命體，每一個部位都無法割裂、不可或缺。

　　量子組織認為組織內部資訊的「空隙」以及資訊的不對等是無效組織的根源。龐大的資訊不斷流入組織，導致資料量越來越大，在各因素高度關聯的環境中，要想平穩運作，每支小團隊都要全面了解各部分是如何互動的。要加強內部各團隊間的橫向連結，使其理解整體系統，培育和建構組織的共享意識和共享機制。

　　MECE 的全稱是 Mutually Exclusive and Collectively Exhaustive，即「相互獨立，完全窮盡」。這是傳統管理常見的思考方式，傳統的軍事指揮架構、公司運轉架構基本上都是 MECE 式的。如此一來，戰鬥小組不知道情報部門的內部情報，業務部門不了解產品部門的理念設計，整個團隊無法形成凝聚力和戰鬥力，「深井」就此形成。如何打造小團隊，突破 MECE 式的困境？美軍海豹突擊隊有著自己獨特的解決方案。海豹突擊隊不培養「超級戰士」，也不歡迎想做「超級英雄」的士兵。在這裡，團隊精神更加重要，團隊成功高

第 5 章　量子組織：無為而有為之道

於個人表現，他們旨在打造團隊的共同目標。與此同時，海豹突擊隊規定每個隊員都要有自己的親密夥伴，隊員之間要一起生活、一起訓練、一起戰鬥，這樣做的目的不僅是為了培養團隊精神，更是在打造一種互信的氛圍。

如何把海豹突擊隊這樣的小團隊向外擴張，打造由靈活小團隊組成的大團隊，是更多組織需要解決的課題。傳統的「深進」式組織架構中的小團隊各自為政，互不關聯，要提升團隊的靈活性，一種改良版的團隊架構是「靈活的深井」。下層為團隊結構，但上層仍然保持著指揮控制式結構。最終的目標是打造一支高度靈活的團隊，而它由靈活的小團隊建構而成。

美國陸軍特種部隊互信關係的建立是透過聯絡官計畫實現的。派遣聯絡官的目標有兩個，一是更好地從兄弟單位的視角來看待戰爭的面貌，從而使自己對整個戰爭的看法更全面、理性。二是希望能夠為兄弟單位的行動提供幫助，這樣就能在整張網路的各個節點之間建立起相互信任的關係。派遣的聯絡官要符合兩個條件，第一，這個人在自己的團隊中有影響、有地位；第二，這個人在自己團隊領導者的頭腦中有較深的印象。不但要挑選正確的人選，還要給予他們適當的支持。這些聯絡官憑藉自己的人格力量和天賦能完成很多工。派出人員的素養越高，說明對對方越重視、越熱情。對

三、組織互動，資訊共享

整體系統的理解和牢固充分的互信，是培養共享意識的兩塊基石。

合格的共享團隊應該盡量打破團隊間、個人間的物理阻隔，讓團隊成員能夠更順暢地互相溝通、達成共享。與物理開放相對應的是溝通與共享的組織文化。資訊共享與傳統的官僚主義、資歷主義格格不入，必須讓團隊成員放鬆心態、平等共處，激發團隊的活力和創造力。還有一點需要注意的是，資訊共享並不是要人人都成為「八爪魚」或是打亂團隊分工。在非深井的團隊中，成員仍然保有自己的專業性，反而更容易發揮自己的專長。利用好組織內部的共享和互信，可以讓團隊成員都從團隊的利益出發，思考如何讓團隊利益最大化，而不是自身利益最大化。

四、平臺化＋小微自主體，聚合效應

量子思考強調協作產生價值、溝通產生價值、連結產生價值。它強調喚醒釋放個體價值，將個體蘊於關聯之中，透過組織內部的互動創造聚合效應。

平臺型組織指的是依靠發達的資訊流、物流、資金流等，透過組建強大的中心／平臺／後臺機構，以契約關係為紐帶，連結各附屬次級組織的組織形態。其優點在於可降低管理成本、最大限度地整合相關資源、充分授權、效率決策、快速應對外部環境等。平臺型組織是堅持以客戶需求為導向，以數位智慧營運平臺和業務賦能中臺為支撐的「多中心＋分散式」的結構形式，在開放協作共享的策略思維下，廣泛整合內外部資源，透過網路效應，實現規模經濟和生態價值的一種組織形式。平臺型組織以「後臺＋中臺＋前端＋生態」為固有組織正規化，通暢組織內部流程，架構組織外部生態，為客戶提供客製化、多樣化的整合式解決方案。當然，不同產業、不同規模的組織，在平臺型組織實踐中各有差異。但凡是具備「客戶導向、開放協作、網路效應、規模經濟、數位孿生、互動賦能、自我驅動、『多中心＋分散

四、平臺化＋小微自主體，聚合效應

式』」特徵的組織模式，我們都認定為平臺型組織。

平臺型組織的價值主要有以下幾點。（1）高資訊瞬連，低交易成本。數位時代，資訊可以「瞬連」到任何個體與組織。交易過程發生在虛擬空間，付出較少的搜尋時間成本即可完成交易。數位時代消費與生產的時間無限制性與空間無約束性，讓組織價值的實現可透過虛擬與實體空間的互聯互通完成。透過資料和演算法，組織可以分析各類使用者和各類業務活動，並快速搭配有價值的單元和關聯，降低內部交易成本。（2）廣大網路效應，短價值鏈條。富生態價值體系的建立，讓眾多價值單元從橫向價值鏈協作變成多元價值生態協作，各類要素圍繞終端使用者提供價值。平臺讓價值鏈縮短，讓組織與各種參與者直接對接，商業模式因此變得靈活，企業與外界的連結更廣、更即時、更順暢，成本更低。（3）多跨域協作，大規模經濟。開放的組織理念和資源平臺的建立，讓企業能夠實現跨域協作，同時形成規模效應，可吸附更多參與主體，打造廣闊的價值生態圈。在平臺組織內部，可透過資料和技術的支持，提煉出業務情境的共性需求，打造為元件化的資源包，以接口形式提供給前端使用。這種內部資源集約化的管理模式，有利於產品的快速測試、更新迭代，有利於快速複製能力，拓展新業務領域，最大限度地減少資源浪費，並產生資源聚集的規模效應。（4）強業

第 5 章　量子組織：無為而有為之道

務聚合，極敏捷高效。組織規模化之後，強調分權、各業務獨立發展的組織模式不可避免地會帶來各業務板塊溝通協調的困難，造成過高的管理成本，從而產生「大企業病」，這就需要在公司內部構築平臺，讓各業務部門保持相對的獨立和分權，同時用一個強大的中臺來對這些部門進行總體協調和支持，以平衡集權和分權的利弊，同時比較靈活地為新業務、新部門留下接口。聚合業務、資源和能力的中臺可以快速配對前端多業務情境，能夠以敏捷高效的市場前端組織單元響應多樣化的客戶需求。例如平臺整合了會員、交易、行銷和結算等功能，這些基礎的服務會被所有業務單元使用，從而提升了整個組織的管理效率。　(5)齊共創共享，活組織人才。外部平臺能夠讓價值生態中的服務內容和產品更加多樣化，同時給予更多的創新創業的機會，邊緣化的創新一旦形成規模化優勢，平臺可以透過資本連結，形成「準契約組織生態圈」，從而吸引更多參與方，共同創造並共享價值。內部平臺讓員工的創意實現和商業化成本更低，員工可以自發建立靈活的市場前端來尋找業務升級的機會，甚至獨立成為自主經營體，發育為經營性的前端。同時，分工協作的組織運作體系對員工的系統性和全域性觀念有著非常重要的訓練價值。組織由此成為一個綜合型人才的培養基地，讓員工實現成長。

四、平臺化＋小微自主體,聚合效應

平臺型組織的內部層級很少,總部負責管理平臺、制定規則、分配資源、協調解決爭端,各小組、公司雖設有領導者,但他們主要靠個人影響力,而非職位權力領導團隊。領導者時常會被「拋棄」和「更替」,除非他們能帶領團隊「找到食物」和「打勝仗」。這類組織整合了供應鏈,供應鏈平臺向組織內公司、小組開放。有的企業鼓勵組織內部成員自主創業,從小組做起,每個小組有採購、銷售、服務等人員,有些還配有財務,一般 3 到 10 人左右,自行決定做什麼、從哪些企業採購、放在哪裡賣,完全參與市場競爭,自負盈虧,優勝劣汰,鼓勵重組。小組擴大後就是公司,公司擴大後就是品牌。原本的老闆其實就是天使投資人。這些企業在整合供應鏈的同時,還整合了銷售平臺,組織內部所有小組、公司、品牌都可以將產品直接放在平臺上銷售。

資訊化、數位化是傳統製造型組織在向平臺型組織轉變的過程中關鍵的因素。所有自負盈虧的組織內部機構、小組、公司的成本、利潤情況都要及時記錄、計算、回饋,所有的資訊處理也都要迅速、透明、公開,加之大型組織原本的技術、生產、管理就很複雜,這就對資訊系統提出了很高的要求,而目前廣泛採用的 ERP 是按機械式組織流程而設計的管理軟體,不適合平臺型的管理。所以,要針對新結構量身打造管理軟體。

第 5 章　量子組織：無為而有為之道

　　網路產業、輕資產的組織適合採用平臺型結構，以一家線上購物平臺營運商的組織發展為例子，首先建構一個基於電商的網路平臺，隨後以賣家和買家的支付需求為核心，建構了電子支付等金流服為主的金融平臺，形成了電子商務、雲端運算、金融支付、數位娛樂、社交網路、物流設施、外送商超等整合式的價值生態，滿足了消費者日常生活的價值訴求。隨著規模不斷壯大，業務部門內提供基礎支持的工作可能會在相當程度上產生重疊，導致資源被浪費。為了解決浪費問題，開始從大型團隊中拆分出不同平臺的事業部，並且將不同平臺中公共的、通用的業務工程沉澱到共享事業部，為各種前端業務提供最為專業、穩定的服務。如此一來，在集團中各個事業部的資訊能共享，資源更集約，每個業務團隊都能享受到技術、資料、產品等方面的高水準的服務。後續更可架設中臺，建構符合數位科技時代的更具創新性、靈活性的「大中臺、小前臺」組織機制和業務機制，作為前臺的前線業務會更敏捷、更能快速適應瞬息萬變的市場，而中臺將集合整個集團的營運資料能力、產品技術能力，對各前臺業務形成強力支撐。

　　有一間服裝品牌集團是最早在網路企業裡進行數位化轉型的，整個組織從過去的金字塔式直線職能制組織結構，轉換為以客戶為中心的自主經營體。這間企業將內部劃分成多

四、平臺化＋小微自主體，聚合效應

個小組，每個小組獨立面對客戶、面對市場設計產品，自行確立消費任務和銷售目標。集團變成數十個平臺，為各個小組提供服務。平臺跟小組之間是一種市場化的交易關係，既可以做實體交易，也可以做模擬交易。在資料驅動、平臺化管理模式下，這間企業做到責任下沉、權力下放。基於產品小組的單品全程營運體系（IOSSP）在最小的業務單位上實現了「責、權、利」的相對整合，對設計、生產、銷售、庫存等環節進行全程資訊化跟蹤，針對每一款商品進行精細化營運。其要點有以下幾個方面。（1）小組制。此集團借鑑阿米巴模式，設立了300多個小組，各小組均獨立負責某一個品牌或品種的經營。小組裡的核心角色有4個：一是營運專員，負責小組商品的價值流營運，通常也擔任組長（「小老闆」）；二是選款專員（買手），負責款式的開發和搜尋；三是訂單專員，負責訂單流程執行和與生產部門對接；四是頁面製作專員，負責商品的拍攝以及頁面的製作維護。這些經營小組在公司統一制定品牌策略（調性）、產品規劃、最低定價標準等方面有較大的自主權，可以確定具體款式、生產數量、產品價格以及促銷計畫。企業公共服務平臺上的「自主經營體」培養了大批具有經營思維的產品開發人員和營運人員。（2）多品牌營運的關鍵點分析。產品小組制的特殊結構，使得由下而上的「多品牌」的願望強烈而持續。在公司

第 5 章　量子組織：無為而有為之道

層面，有專門的部門負責對新品牌的扶持，相關的政策也越來越完善。(3)柔性供應鏈系統。柔性供應鏈使行銷企劃、產品企劃和生產企劃之間相互配合，解決了網路品牌「款式更多，更新更快，CP值更高」的要求與生產供應鏈的「生產線計劃生產」之間的矛盾，在保證產品品質和生產成本可控的前提下，實現了「多款多批次小批量生產」。(4)依託平臺資料的支撐，所有產品小組都是自驅動組織。一方面，小組成員根據大數據預測消費者喜愛的熱門產品；另一方面，小組成員可自發組織且根據任務兼任不同的角色，並根據最終產品的銷售業績分享利潤。這些特點充分展現了小組制模式下角色投入多、任務價值高的雙重特性。因此，這是一種典型的「平臺＋分散式」的組織形式。

　　組織的規模、體系越大、越龐雜，變革就越要循序漸進。比較好的方法是將原來所有的成本中心變成利潤中心，將所有可以固定的職能全部保留在總部的機械結構內，將變化的部分全部以「小組」或「公司」的形態融入市場。比如，生產部門根據「小組」或「公司」的訂單，計算生產成本和向「小組」或「公司」出售的價格，確保自己的利潤。「小組」或「公司」則向生產部門「採購」產品。財務、物流等服務部門根據提供相應的服務向「小組」或「公司」收取服務費用。生產部門內部也可以根據生產線的安排等，組成不同的小

組,向「小組」或「公司」提供競爭性的報價,來吸引更大的訂單。變革的目的就是引入競爭,促進優勝劣汰。隨著改革的深入,調整漸入佳境,組織可以考慮將更多的固定職能,融入「小組」或「公司」,總部則保留制定規則、分配資源、協調競爭等職能。

以一個電子產品集團為例,起初經營者將組織調整為多核架構,劃分營運商事業組、企業事業組、終端事業組和其他事業組,研究和開發職能在組織層面分開,各事業組下有產品線。開發資源的分散,讓它的研發團隊和資源不能共享,產品重複開發的現象愈演愈烈,之後他開始將區域重新確立為市場體系的主軸,營運商和企業事業組研發組織重新回歸產品和解決方案體系,事業組只有市場職能,是專門的經營組織,由此,重新回歸研發大平臺(產品與解決方案)、市場大平臺(事業組和地區部)、職能大平臺、供應鏈大平臺(供應鏈、採購、製造)的平臺組織策略,最終實現了市場的深度挖掘和技術的共享。

基於功能型大平臺的組織體系搭建完成後,還需要配套相應的機制。他們利用了「貢獻利潤」的核算體系。在內部設定兩大利潤中心,對銷售中心和產品線根據不同的責任中心確定不同的考核指標指引重點,形成互相關聯的機制。以產品線為例,集團透過基礎獎金和貢獻獎金的劃分,讓所有

第 5 章　量子組織：無為而有為之道

人知道獎金從哪裡來，自己應該向哪裡努力，建立起了一支自動自發的軍隊。在產品線的毛利核算方面，突出銷售收入擴張導向的同時，兼顧產品線對製造成本、期間成本、服務費用、研發費用、行銷與行銷費用、管理費用，以及產品線非正常損失的責任，以加強財務核算和內部管理，開源節流；同時對周邊部門傳遞壓力，從而對公司期間費用形成反向制約。為鼓勵產品線加大策略投入，同時也對產品線進行獎金補償，可以預借獎金，補償產品線的策略性投入對當年獎金的影響。預借獎金的數額參考各產品線的平均獎金水準合理確定。產品線預借獎金以年度為清算單位，清完可再借。產品線基礎獎金與貢獻獎金在產品線內部的分配，由產品線自行決定。對於獎金過高的年分，可以採用獎金庫的方式進行調節，截長補短。

另外還有集團採用的是「人單合一」模式，大膽去掉集團中的多名中間層。此後，不斷加速推進組織變革程序。按照經營者的說法，變革後的集團「消滅」了層級，變成了只有平臺主、微型主和創業者三類主體的組織，且這三類主體都圍繞使用者運作。平臺主並非管理者，他們主要扮演的是服務者的角色，孵化、支持、幫助創業團隊。微型主簡單地說就是創業團隊，可以理解為集團下的小型創業公司。創業者是由集團內原來的普通員工轉變過來的，經營者要求所有

四、平臺化＋小微自主體，聚合效應

普通員工都應該成為創業者。這三者之間也不存在傳統模式上的管理與被管理的關係，而是各自「創業範圍不同的關係」。比如，微型主並不是由集團直接任命的，而是由創業者選舉產生，被選出的微型主做得不好，一樣可以再透過選舉讓其「下臺」。經營者希望最終能夠將集團打造成一個可以顛覆傳統模式的「共創雙贏平臺」。最終呈現為企業平臺化、員工創業化和使用者客製化，並且形成自創業、自組織和自驅動的一種新的生產方式。這樣的結果的核心有兩點，首先是放權，將決策、用人、分配「三權」賦予員工；其次是創新激勵機制，完全拋棄了傳統的薪酬模式，新模式的薪資結構主要有兩大塊，一是使用者付薪，與所創造的使用者價值相對應，二是股份，即公司對創業者的投資，與創業者自身價值相對應，跟投股份採取與業績掛鉤的動態形式。

綜上，平臺型組織變革的趨勢有五個重點，讓組織變得更輕、更簡單：(1)去中介化：核心是縮減中間層，降低組織決策重心，減少管理層級，打造扁平化、平臺化、賦能性的組織。(2)去邊界化：拆除企業的牆，真正實現跨域，形成生態交融體系。(3)去戒律化：真正讓員工主動承擔責任。(4)去指揮命令：進行賦能。(5)去中心化：企業是多中心制，並且中心是動態變化的，根據外部的變化、客戶價值創造的大小不斷進行調整。

第 5 章　量子組織：無為而有為之道

五、倒三角，組織零距離

　　過去，企業是按照金字塔式的正三角組織來搭建的。這種結構帶來的問題是，最底層的員工接觸使用者，得到的資訊要一級一級向上匯報，領導者做的決策也要一級一級向下傳遞，這顯然不能適應網路時代快速反應的要求。所以我們把金字塔結構倒過來，變成倒金字塔，接觸使用者的員工在上面，領導者在下面，領導者從原來的指揮者變成了資源提供者。

　　到三角的經營體制可以把上萬人變成了上千個自主經營體，每個自主經營體都面對市場、面對使用者，動態協作為使用者創造價值。一級經營體由前線員工組成，彼此協作一致、與客戶零距離，位於結構最上層。二級經營體就是原來的職能部門，被大幅度地壓縮和精簡，由管理部門變為服務部門，從指揮員工變成為第一線員工提供資源支持。

　　三級經營體就是原來指揮企業的領導者，位於最底層，負責內部的組織協作，以及創造外部市場的新的機會。

　　如此的到三角組織可以實現「兩個零」的目標：員工內部協作的零距離，組織與外部使用者的零距離。第一個零距離體現在前線員工要完成為使用者創造價值的目標，原來的

五、倒三角，組織零距離

領導者要支持他們，與他們零距離協作；第二個零距離則是內部員工相互協作，共同創造使用者資源，必須完整流程與使用者保持零距離。比如研發人員和行銷人員都要面向使用者，共同滿足使用者需求。

第 5 章　量子組織：無為而有為之道

六、前端牽引，快速反應

　　傳統科層制組織模式，組織運作是行政權力導向而非客戶導向的，員工天天腦袋對著領導者，屁股對著客戶，企業內部官僚主義、形式主義盛行。隨著企業規模擴大，組織決策重心過高，與客戶距離越來越遠。量子型組織首先確立以客戶為導向，以滿足客戶需求、增加客戶價值為企業經營出發點，反對官僚主義和形式主義，簡化內部程序，促使組織扁平化。

　　20 世紀初，美軍進行了「目標導向、靈活應對、快速致勝」的組織模式改革，建構「軍政」（養兵）、「軍令」（用兵）兩大流程，明確各流程的範圍、定位、職責、邊界、關聯協作機制。根據戰爭規模和戰場形勢，配置前線整合作戰多專多能團隊──「班長」。「班長」擁有應對不同作戰情境的平臺和武器裝備，可依據戰場形勢及時向後方呼喚炮火和資源，支援其現場作戰，自我決策，打贏戰爭。配套「小前臺＋大中臺」的營運模式，美軍做了以下四個方面的改革：(1) 去中心化，權力下放。將策略決策權集中，其餘中心職能分散轉移到各流程中，同時從中心集權轉變為流程集權，讓權力沿著流程不斷分解與傳遞，最終由最小作戰單元承載，讓

六、前端牽引，快速反應

前線能夠在作戰時獲得更大自主權。(2)分權制衡，「權分身」取代「權瘦身」。傳統「權瘦身」，採取分工與合作，在放權、分權時，只能沿著垂直鏈條往下不斷分放，軍隊分工越細，基層權力越單一。權力放到基層時，不但不會增強合作效果，還會適得其反，導致基層無法實現整合。流程「權分身」，權力沿著流程不斷分放，每個環節都可以出現相同的權力，甚至權力之間相互選擇，形成權力協作，當權力放到基層時，容易整合在一起。(3)團隊整合，打造強敏捷前端。作戰團隊中各成員軍事技能各不相同，完全依據軍事目標組建，可使優勢互補，把各兵種的優勢有效整合在一起，把作戰能力發揮到極致。(4)目標牽引，打造「多專多能」型軍事人才隊伍。實現整合作戰的前提是大量的「多專多能」型軍事人才。美軍建立聯合職業軍事教育體系，打造「多專多能」型軍事人才培養系統。職位輪換普遍，透過跨國別、跨部門、跨軍種學習，讓軍人不斷學習塑造聯合作戰的意識。

有商業集團參考美軍的做法，透過建立基於「鐵三角」的虛擬專案管理團隊，有效達到市場突破。「鐵三角」核心組成成員是 AR（客戶經理）、SR（產品／服務解決方案經理）、FR（交付管理和訂單履行經理）。為了有效整合資源，公司內部為「鐵三角」設置了專案贊助人，即連結於特定專

第 5 章　量子組織：無為而有為之道

案的公司高級主管，同時還有支撐性功能職位成員，包括資金經理（信用經理）、應收專員、開票專員、稅務經理、法務專員、公共關係（PR）專員、以及其他研發、行銷、物流等。

同時「鐵三角」組織模式還配套了三重保障措施：

(1) 機制保障：以規則的確定來應對結果的不確定。建構面向客戶、端到端的主價值鏈流程，並釐清各流程使命、價值定位、權力框架、職責邊界、目標和交付結果，以及流程間的關聯關係和協作機制；同時設計例外機制，面臨緊急、臨時性業務時也能有效處理，快速決策。

(2) 人才保障：打贏班長人才戰。清楚設定「班長」的素養、能力要求，使其多專多能，在處理常規型、確定性的業務時，可以根據作戰情境和規定動作快速應對和解決；而在處理突發型、不確定性的業務時，可以運用其權力、資源和支撐平臺準確定位，實現自我決策。

(3) 平臺保障：後臺支撐前端。建構打贏「班長的戰爭」的作戰平臺，實現責任、權力、組織、資源、能力、流程和 IT 資訊系統幾個方面的系統整合、高度整合。作戰指揮權充分授予前線人員，資源也供第一線隨時呼叫，並協助第一線建構面向作戰角色和情境的整合流程，支撐「班長」實現「任務式指揮」。

六、前端牽引，快速反應

　　這樣的組織結構的特點之一就是能夠充分調動資源、切實貫徹分權分責。把業務管理分成很多小「點」（權力中心），這些「點」就是集團的業務部門，在執行業務時，它們就是最高權力機構。部門誰對目標最了解，誰就能盡快成為解決問題的責任中心，由他來調動和利用一切資源。調動資源要用最簡單、快捷的方式，這就是矩陣管理。

　　矩陣結構是一個不斷適應策略和環境變化，從平衡到不平衡，再到新的平衡的動態演進過程。各產品線是一條龍式的，由各產品的研發、市場、測試、生產、金流、技術服務等環節組成，它們相互之間的制約關係是不會輕易破壞掉的。而這樣的矩陣結構必須要隨著外界環境的變化而變化，現代科技與技術發展瞬息萬變，一旦出現機會就不能錯過，在機會的牽引下，結構就會有所變化，但相互關聯的要素本身沒有變，只是結構有所變形，連結的數量與內容有所改變。這種矩陣結構從均衡到打破均衡再到恢復均衡，促使公司不斷進步。

第5章　量子組織：無為而有為之道

七、生態共生，突破邊界

「共生」是一個生物學概念，至少包括六種關係。第一種共生關係是寄生，一種生物寄附於另一種生物身體內部或表面，利用被寄附的生物提供的養分生存。第二種共生關係是互利共生，共生的生物體成員彼此都得到了好處。第三種共生關係是競爭共生。第四種共生關係是片利共生，對其中一方生物體有意義，對另一方沒有任何意義。第五種共生關係是偏害共生，對其中一方生物體有害，對其他共生成員則沒有影響。第六種共生關係是無關共生，就是無益無損。顯然，符合我們期望的人和組織之間的共生關係應當是互利共生的關係。人與組織要實現互利共生，必須重新定義各自的價值。

生態共生型組織需具有以下幾個特徵：第一，企業平臺上生長出了許多「生物」，它們是基於多元化業務的獨立經營主體；「生物」的品種非常豐富，遠遠超過了一般企業的事業部架構，有了分布型架構的意味。第二，「生物」生長於一片共同的「土壤」（平臺）上。平臺不僅僅是品牌（如果僅僅依靠品牌連結各類業務及經營主體，那就是人們常見的品牌共享），更主要的是技術。只有技術才能使各類「生物」

七、生態共生，突破邊界

建立強韌的連結。第三，所有「生物」向著「陽光雨露」茁壯生長。這裡的「陽光雨露」就是顧客需求和顧客流量。所有的經營主體都需尋找廣闊的市場空間，挖掘強勁的真實需求。顧客，是企業生態系統一切能量的來源。第四，「土壤」（平臺）為「生物」提供「養分」（資源支持、賦能服務），「生物」將各種「營養」（增強平臺能力的各種資訊、知識、經驗和資源）回饋給「土壤」；「生物」之間相互關聯，彼此增強；每類「生物」獲取的「陽光」都會與其他「生物」共享。

生態共生型組織的核心就是開放邊界、引領變化、彼此加持、互動成長、共創價值，然後找到彼此的核心價值，在一個組織系統中成長。共生型組織是一種基於顧客價值創造和跨領域價值網的高效合作組織形態，它使組織獲得更高的效率。共生型組織有四個非常重要的特徵：互為主體、整體多利、柔韌靈活、效率協作。共生型組織要求我們打破兩個邊界：員工邊界和顧客邊界，以此擴展產業空間。

近年來，有些公司嘗試內部創業，強調賦能平臺上的多角成長。但是這種模式還不能算作生態化的，因為缺少堅固、穩定的「土壤」。它更接近於孵化器，當然也可以理解為生態模式的初級形態。

未來區塊鏈時代有可能出現超越企業邊界的社會化生態組織，在區塊鏈技術平臺上，每個組織單元（可能是機構，

第 5 章　量子組織：無為而有為之道

也可能是團隊，更可能是個人）相互連結，共建一個價值發現、價值創造、價值交換、價值共享的體系。同時，每個組織單位的行為資訊都在同一個「記帳本」（資訊系統）上公開記錄，任何組織單位都不得竄改、隱瞞和造假。每個組織單位憑藉投入和勞動都能獲得自身的權益，而且這種權益受到技術的保護。組織單位之間的交易採用智慧化、自動化的機制，公正、透明、直接、效率。區塊鏈技術最大的作用是解決了商業最根本的信用問題，這項技術成熟之後，必然有助於建立信用社會，走向共享的信用體系。

第 6 章
量子策略：破繭再生之路

第 6 章　量子策略：破繭再生之路

未來已來，一切不再確定！消費者需求變化加速且日益呈現客製化，顛覆式技術創新與商業模式創新層出不窮，市場瞬息萬變，產業邊界越來越模糊，企業的成長軌道無跡可尋，成長空間無邊界可觸，成長模式無指標可追隨。原子思維下的策略理論、方法與模型難以定義與設計未來，傳統的策略思維在應對不確定性、規劃創新型企業的未來、推動傳統企業的轉型升級時，會顯得力不從心。我們需要用量子思考去看待不確定的世界，站在未來看未來，突破現有資源和能力，在變與不變、確定與不確定中共同探討企業的未來及策略選擇，建立全新的思維框架。

一、擴展時空,應對不確定性

量子策略將確定性的缺乏和清晰界線的缺失視為進行試驗和創新探索的機遇。他們會制定新的規則,發明新的賽局。未來的策略一定是講究跨域融合、開放無界的,一定是依循利他思維和社會化思維的,企業的策略思維必須要打開寬度。而且不能僅僅站在企業角度思考策略,而應站在產業的角度思考策略,站在全球資源配置的角度思考策略。

要建構內在的核心能力優勢與顛覆式創新生態優勢,必須用量子策略思維指引企業未來的發展方向。基於同一核心技術或核心能力,可衍生出多種不同的可能性和不同的價值體系,以及與此相關的非常具體的產品和與此對應的非常具體的市場,我們的責任就是盡可能探索更多的可能性,盡可能探索各種產品技術的應用方向及產品市場的共生軌道,並確定這些共生軌道的能階。因此,量子策略思維不是簡單地做加減法,而是要基於核心價值與能力,採用擴散性思考,不事先為自己訂立規則,不預先為自己確定毫無根據的明確目標和設定成長路徑,跳出產業約束,在腦力激盪和集體智慧的碰撞中,不排除任何可能的方向。在實踐中去探索可能性並修正、迭代和確定可能的路徑,以敏銳的洞察力,在最

第 6 章　量子策略：破繭再生之路

有可能和最有希望的策略方向及專案上及時擴大投入,並在合適的時點和位點實施關鍵的策略行為。

　　成長是組織存續的必然選擇,而良性成長是組織永續的終極保障。「世界上根本不存在成熟市場。我們只是需要成熟的管理者去找到成長的途徑。」漢威聯合執行長拉里・博西迪(Larry Bossidy)指出,「沒有市場是完全飽和的。曾有長達 25 年的時間,汽車產業被認為已經飽和,但如今 SUV 已風靡至歐洲乃至亞洲了。家得寶(Home Depot)進入的建材市場也曾被認為已經飽和,但如今的家得寶已成為一家市值 140 億美元的公司。Circuit City 進入的是被認為已經飽和的家電產業,但如今它卻成了產業的領導者。」一旦領導者懂得如何擺脫產業與市場傳統定義的束縛,那麼,任何產業(無論這個產業的成熟度多高)、任何規模的任何企業都有機會實現成長。在成熟產業內成長的一個關鍵祕訣是：任何市場內都存在某些蘊藏著成長潛能的孤立區域或細分市場,只要你懂得如何發現它們。

　　顧客的需求總是在變化,新的需求也在持續浮現,而第一個發現它們的企業將會取得成功。當葛斯納成為美國運通公司信用卡事業部負責人時,他的一些直接下屬告訴他信用卡業務早已成熟,他的定價過高了。葛斯納透過市場細分,創造出企業卡、金卡以及白金卡,每一種卡都能滿足現有產

品無法滿足的某個特殊需求，再配上他們在應用資訊科技方面的優勢，信用卡事業部在接下來的 12 年內達成了年均 19%的收入成長。但是，並非所有成長都是良性的。不惜成本實現成長，或只為成長而成長都可能造成災難。良性成長應具有永續性、營利性以及較高的資本使用效率。著眼於長期的永續成長，需要企業密切注意的各項基本因素有：成本結構、品質、產品研發週期、生產效率、持續改進以及其他所有與營運優勢相關的因素。很多人認為成長就是一個不斷承擔風險的過程，這是錯誤的觀點。誠然，成長會為決策者個人帶來風險，提出新的構想也需要勇氣。但是基於準確的顧客需求所制定的永續成長策略所帶來的風險，將遠小於犧牲自身利益重新布局、被動應對競爭對手的成長所產生的風險。

1980 年代，可口可樂在碳酸飲料領域的市場占有率已是世界第一，遠高於百事可樂。但同時，可口可樂的成長速度卻明顯下滑。當時，可口可樂公司裡的主要觀點是加強攻勢，進一步從百事可樂之類的對手那裡奪走更多的份額。古茲維塔（Roberto Goizueta）在接任 CEO 後不久，向他的經理們提出了一個簡單的問題：全世界 44 億人每天人均消費多少飲料？答案是 64 盎司。他的下一個問題是：可口可樂的每天人均消費量是多少？答案是不到 2 盎司。經理們突然意

第 6 章　量子策略：破繭再生之路

識到他們的競爭對手不是百事可樂，而是世界上所有的其他飲料。在重新定義邊界之後，可口可樂把自己的定位從飲料生產商，擴大到了滿足人類的一切飲用需求，可口可樂開始布設新的產品線。現在，可口可樂的產品涵蓋了大多數飲品。這個簡單的認知發揮了重要的作用，促使可口可樂公司從受到威脅的軟飲料市場領導者轉化為一個最偉大的市場價值創造者。

塔可鐘公司（Taco Bell）第一次擴張發生在其自定義的保留地，即快速餐飲服務市場，與從銷售披薩到銷售漢堡的其他所有速食連鎖企業競爭。第二次大範圍的擴張發生在塔可鐘公司將自身重新定位成「滿足人類進餐需求的企業」。這個定位迫使塔可鐘公司重新檢驗自身的分銷管道，他們擴展了更多的客戶接觸點，例如機場的售貨攤和雜貨亭、購物中心、便利店、高中和大學的食堂。最終，塔可鐘公司將其市場占有率從 800 億元擴張至 8,000 億美元，利潤從 1984 年到 1993 年上升將近 300%。

眾所周知，現在 Nike 的商業版圖包含了運動鞋、服裝、配件、零售商店……任何與健身相關的業務都能成為 Nike 的新市場。但在 1984 年，銳步（Reebok）搶占了 Nike 一半的市場占有率，原因就在於市場細分。透過細分運動鞋市場，特別是為女性有氧運動設計專用鞋，Reebok 業績快

速上升。Nike借鑑了競爭對手的成功經驗，轉而定義細分市場，並在籃球鞋、網球鞋、交叉訓練鞋、水上運動鞋類等細分市場中創造出大量的產品，不僅扳回了局面，更是將業務擴展到世界各地。不論是企業家，還是產值數十億美元的企業的高層管理者，這些建立成長型企業的領導者從不擔心市場占有率，而是重新定義市場，延展一個更大的邊界，實現市場占有率成長。

第 6 章　量子策略：破繭再生之路

二、深度洞察，使命驅動

在資訊時代，企業的策略成長往往無跡可尋，無指標可追隨，企業的創新往往會進入「無人區」——無人領航，找不到指標，不知競爭對手是誰。唯有戰勝自我，超越競爭，憑藉企業家和創新者對未來的洞察與信念，才能在迷霧之中找到方向。

當我們用量子思考去看待不確定的世界，站在未來看未來，在變與不變、確定與不確定中，共同探討企業的未來及策略選擇時，可以突破現有資源和能力，對未來的策略選擇形成全新的思維框架。

在資訊時代，創新往往是在「無人區」中的探索，這就需要更強烈的使命驅動，以及策略方向的堅定與自信。量子思考強調信念的力量，企業要堅定信念，培育正面思維，擁抱變化，用正向心態去面對困難，用簡單極致的方法去解決矛盾，要勇於突破現有資源和能力局限性，大膽創新變革，去實現企業躍遷式的成長。

策略洞察與預見的核心是企業領導人對產業趨勢的前瞻和感知。正如軟銀孫正義所說：當迷茫的時候，只管往遠處看，就能看到洪流中的未來。策略就是對未來不確定性的選

二、深度洞察，使命驅動

擇，策略的選擇往往是方向性的、探索性的，甚至是常試性的，而不是來自預先精確的計算與方案制定。在某種意義上，策略不是一種預先的計畫和設計，策略的原點不是來自策略專家或策略職能部門，而是來自企業家對未來趨勢與發展機會的洞察與感知，來自企業家的發心動念，是一種企業家精神，是一種面向未來的企業家信念、追求與意識流，是企業家對未來發展趨勢、機會的先知先覺與共同認知。有了這種前瞻性的意識與信念，資金和人才才會往一個方向匯聚，一旦能量聚集到一定程度，就會找到商業模式成功的突破口。商業模式一旦成功，更多的資金和人才又會湧入，最終會形成湧流。當無數湧流開始連結、匯集、互動以後，就會形成波濤洶湧、不可阻擋的洪流與大趨勢，一個全新的產業就形成了。而那些先知先覺、勇於創新者，便能創造企業成長的奇蹟。用現在的網路語言來說，他們勇於撲向並抓住了產業發展的「爆發點」。

第 6 章　量子策略：破繭再生之路

三、動態選擇，成長耐性

在不確定的時代，我們所面臨的是黑白重疊、一片混沌的世界，「黑天鵝」事件頻頻發生，一切難以預料，未來難以精準預測和按固化的策略模型進行推演，只能用量子策略思維對未來進行探索，進行多種選擇。要以機率性思維，在不斷的實踐探索中，在創新失敗的堅守中提升成功率。因此，它需要的是策略耐性。

要積極探索多種可能性和開拓更多共生成長路徑。有企業家指出，我們對未來的實現形式可以有多種假設、多種技術方案，隨著時間的推移，世界逐步傾向哪一種方案，我們再擴大這方面的投入，逐步縮小其他方案的投入。且不必關閉其他方案，可以繼續深入研究，失敗的專案也能培養人才。

依靠過去經驗、坐在封閉的環境中用沙盤模型推演策略是極不可靠的。可靠的做法恰恰是基於內在價值的追求、高手之間的智慧碰撞，在實踐探索中基於即時事件對未來的感知與先知先覺，它需要企業家和決策者貼近市場和客戶去感知變化。春江水暖鴨先知，好的策略思維一定來自市場與客戶，對未來的預見往往來自對不確定事件的感知。策略還需

三、動態選擇,成長耐性

要回答企業如何實現成長、如何實現成長的問題。量子策略思維的核心是創新,企業要在持續不斷的變革創新中實現成長。量子式創新主要有四個方向:一是以滿足顧客需求為導向,透過產品技術創新拓展企業策略成長空間,尋求成長;二是透過商業模式創新(創新客戶價值、重構客戶價值)建構新的商業生態系統,以連結、互動更多的資源,聚集更多的能量,形成策略成長的新勢能與發展平臺,尋求新成長;三是透過產業資本與金融資本的融合創新,實體經濟與虛擬經濟上下互動,產業與產業之間、企業與企業之間、各相關利益體之間跨域合作,形成全新的商業生態群或社群,建構商業共生體,形成多元策略發展空間,從而突破策略成長邊界,實現超常成長;四是透過內在的組織變革、管理機制與制度創新激發組織活力,釋放人的價值創造潛能,實現組織與人的價值新成長。

第 6 章　量子策略：破繭再生之路

四、策略平衡，灰度經營

　　量子策略思維既強調「變」，又強調「不變」；既強調打破秩序與結構，又強調重構新秩序與結構；既強調跳出競爭壁壘，又強調在新能階和新結構基礎上形成新競爭壁壘。「變」與「不變」並不排斥，因此企業要以變應不變，以不變應萬變。

　　產品或解決方案與客戶或市場需求存在於同一個價值假設和成長假設實現的時段中，是一種共生體狀態，稱之為「產品市場共生軌道」。兩者同步相互引導、驗證、前行或者轉向，直至找到產品或解決方案與客戶或者市場需求相符合及共生的環境，共同成長並創造價值。因此創新具有二象性──它既是產品創新也是市場創新，兩者相互迭代，成對出現。它既表現為一個產品創新問題，也表現為一個市場創新問題；既是一門科技創新的學問，也是一門商業模式創新的學問。因此，在既沒有已知市場也沒有已知產品的前提下，技術驅動市場還是市場驅動技術是假議題。在顛覆式創新的過程中，不應將產品或解決方案的完善與對客戶或者市場開發的研究切割開來，所以研發人員與市場人員必須組成創新業務的命運共同體。這樣不僅能夠加快迭代速度、降低

四、策略平衡，灰度經營

風險，更重要的是能夠找到未來發展的正確方向。

這種創新的二象性原理強調創新時產品設計與市場開發之間的探索關係，二者需要相互影響、相互改變、同步測試、同步進展。因此，基於核心能力的概念設計、核心技術驗證、初始產品到迭代後產品，每一個階段都要求有產品與市場的雙向刺激，直到最後找到真正的共生軌道。在這裡，迭代速度、成本、同步開發、驗證和升級改良是我們強調的關鍵性元素。企業應透過技術創新來降低產品成本，向縮短迭代週期、減少迭代次數要效率，以同步驗證和改良保證尋找到正確的產品市場共生軌道，以此實現對寶貴的時間和資源的最大化利用，消除創新產品的風險。

在不確定時代，企業的成長並非單一的線性平滑成長，而是以領先的技術創新或顛覆式的客戶價值創新與重構實現企業的分裂式與融合式成長。企業的發展方式主要有兩種。一種是依主題分裂式成長——以核心能力為基礎，以滿足客戶需求為導向，不斷創造新的產品和解決方案，由此決定發展道路，透過不同的主題，催生多個顛覆式創新企業，以此實現企業的信仰和追求。一種是同主題融合式成長——以已經形成的產品和解決方案為基礎，就同一個主題（同一個產業）在各自的領域內搭建大平臺，透過自主建設、併購、合作或其他方式，完成與此相關的價值產業鏈整合，走

第 6 章 量子策略:破繭再生之路

聚變發展之路,實現產品和市場的發育及擴張。

這種策略的二象性更多體現在企業領導人的思考方式和價值觀上。以輝度認知的企業管理方式來說,所謂的灰度既是世界觀,也是思考方式,同時還是方法論,三者構成了灰度管理哲學,同時也可以以此作為了解世界與改造世界的「思想工具」,並付諸企業的經營管理實踐。

五、釋放內能，聚合外能

　　企業確定了策略方向、策略成長方式後，進一步需要思考的是企業靠什麼成長、成長的資源配置原則是什麼、成長的策略與路徑是什麼等等。原子策略思維首先關注的是企業已有的資源與能力天賦，致力於打造獨特的核心能力優勢，在選定的業務與產業領域內遵循聚焦原則，集中配置資源，以非對稱性競爭戰勝對手。量子策略思維首先關注和思考的重點不是企業已經沉澱的資源和核心能力優勢，而是企業能量釋放與能量聚合的力量，以及企業的能階軌道與能量場優勢。網路與智慧文明時代是一個關聯、連結、互動大於擁有的時代，資源和人才不必為企業所有，但可以為企業所用。策略致勝的關鍵不是你擁有多少資源與能力，而是基於或超越你的資源與能力，你能關聯、連結、互動、集聚多少資源與能力，能夠吸收多大的環境能量與市場能量，進入什麼樣的成長的能階軌道，形成多大的能量場，創造什麼樣的以平臺為核心的產業生態體系。

　　對於產業領袖或追求擴大的企業而言，往往需要遵循能階最低原理與能階躍遷原理，突破現有資源和能力局限，以對稱資源動機配置原則重構內在核心能力與產業生態，超越

第 6 章　量子策略：破繭再生之路

競爭，實現超常新成長。如目前全球網路領軍企業都已建構以平臺為核心的生態體系：亞馬遜等以電商交易平臺為核心，向上下游產業延伸，建構雲端服務體系；Google 以搜尋平臺為核心，發展網路廣告業務，發展人工智慧；臉書以社交平臺為核心，推廣數位產品，發展線上生活服務；蘋果以智慧型手機為核心，開拓手機應用軟體市場，推動電子支付業務，以平臺為核心的生態策略思維已成趨勢。

有集團提出要建構內在核心競爭力優勢與外在生態優勢，企業內在核心競爭力的三大驅動要素是基於產品創新的價值驅動（圍繞價值創造、價值評價、價值分配三位一體、良性循環），客戶導向（聚焦客戶導向、激發組織活力）和人才布局（圍繞人才建構組織、配置資源創造價值），以利他文化及利他產業模式建構企業生態體系，藉助網路技術，在內部形成「三張網」（企業內部社交網、夥伴社交網和外部社交網）。這三張社交網路重新定義了企業員工之間、企業與夥伴之間、企業與消費者之間的關係，使其由「相連」走向「互動」。

對於為數不多的大企業或追求擴大的企業而言，企業的策略重心主要是建構產業生態並打造平臺化組織管理系統，但能夠成為平臺及建構產業生態的企業畢竟是塔尖上的少數。對於眾多小型企業而言，選擇將企業往精通、專業、精

五、釋放內能，聚合外能

簡的經營路線，並加入某一生態體系或平臺不失為一種明智的策略選擇，成為被生態化、被平臺化的獨立核算的自主經營體，與生態化或平臺化大企業共創共享，也是一種生存之道。

量子策略思維雖然強調思維的發散與策略的動態選擇，強調策略的洞察與耐性，但並不完全拒絕聚焦與專注，在動態選擇與迭代中一旦確定了方向，就會將資源集中於選定的方向，並遵循能階最低與能階躍遷兩大原理，堅持對稱動機資源配置原則。

能階最低原理要求企業做到：（1）暫避正面，主攻側翼。不從正面進攻主流市場，而是從被主流市場忽略或無視的邊緣市場進入，以功能、屬性、便利、便宜的產品或服務方案創造出局部無競爭的局面，將主流價值網路的客戶拉到我們所創造的新的價值網路中。（2）與其更好，不如不同。我們不用競爭對手的方式去超越對手，不與主流市場的領先者比拚誰的技術更好、成本更低廉，而是選擇我們擅長的領域，以我們的優勢技術，用不同的行銷產品和行銷方式進入。（3）巧妙設計，主動建構。主動建構全新價值網路和商業結構，明確客戶紅線 —— 永遠不與客戶競爭。如果發現與客戶或者客戶內部部門有競爭的話，就轉變策略：或者往上走，做更高層的產品，把它的客戶變成你的客戶跟它去競

第 6 章　量子策略：破繭再生之路

爭；或者往下走，做更低層的產品，成為客戶對應部門更低層的供應商。(4)動態變化，敏感反應。能階具有動態變化性，所有會影響產品應用推廣、影響產品技術的實現、影響商業結構的事件，都有可能直接影響已經確定的能階大小。要養成對能階動態變化的敏感性，對所有影響能階變化的因素都要及時反應，並能做出相應調整。

　　能階躍遷原理要求企業做到：(1)與軌道探索配置。要探索產品市場共生軌道，靠想像是想不出來的。一定的產品及市場的初期投入，是探索更加準確的產品市場共生軌道的必要舉措。所以在資源分配時，企業會將探索所需的資源納入整個預算體系，以不確定性的大小為分配原則進行資源配置，不確定性越大，資源配給的比例就越大，用資源去抵禦風險性業務的風險。(2)與客戶需求相符合。資源有限而需求無限，企業的資源分配遵循的是以使用者需求為中心的決策原則。(3)與所處階段相符。產品的發育、產業的成長及團隊規模必須與市場規模及機會相符合，資源配置不足或者過度配置都是不合理的，企業的資源應按核心業務與產值、成長型業務與成長率、新興業務與里程碑來分配。

六、資料共享，C2M

原子策略管理模式下的多數製造工廠依然是一個消費者摸不透的黑箱，突破工廠「黑箱」，並不是要將工廠的每個製造細節、所有流程工序透明化地呈現給使用者看，而是要使工廠不再封閉和孤立——從上游原料零組件到終端產品，製造業的長期意義在於幫助下游客戶實現價值。從終端到上游，要將使用者需求的變化有效地傳達給產業鏈上的每個環節。

大數據時代，企業策略將從「業務驅動」轉向「資料驅動」。大量的使用者訪問行為數據看似零散，但背後隱藏著必然的消費行為邏輯。大數據分析能獲悉產品在各區域、各時間段、各消費群的庫存和預售情況，進而進行市場判斷，並以此為依據進行產品和營運的調整。一間以 C2M（Customer to Manufactory，消費數據驅動精準研發製造）客製化訂製著稱的服飾集團，每天透過不同管道直接面對消費者，接到的客製西服訂單超過 3,000 筆，如果靠原始的人工打版，則至少需要 1,500 名以上熟練的打版師才能完成。而 1,500 名打版師的招募、培養和聘用，對任何一個同規模的西服工廠來說，都是不可能完成的任務。有集團靠自行研

第 6 章　量子策略：破繭再生之路

發的系統，透過大數據和電腦打版，完美地實現了電腦依照需求設計、依照需求自動打版，並將模版傳送給數位化裁切機床以及後續工序。這就抓住了柔性製造的核心要點。物聯網、感測器、雲端運算等前瞻技術的最大價值，不是讓工業企業在更短時間增加產量，而是要使工業企業與上游供應商、下游銷售端之間達成高度資料共享，增加生產柔性，直接滿足使用者實際需求。

另外一個成功實踐 C2M 模式訂製服裝集團則是透過大數據、雲端運算等現代資訊科技，對客製化服裝生產的流程進行智慧化的創新改造，在服裝客製化訂製領域，成功實現了用工業化的效率和成本進行客製化產品的大規模訂製。客戶首先在網路上自主設計，對版型、款式、風格、顏色、布料、內裡、刺繡、鈕扣、口袋等進行選擇，然後預約量身，確定版型，再將所有訂製細節拆分，自動排單生產，在一週內交付訂製產品。從設計、下單、打版、工藝配置，到規劃排程、生產、入庫、配送、客服，每一個工序均由一張記錄著客戶需求的電子標籤卡指導完成。這種全資訊化的生產流程控制，將傳統服裝訂製生產週期大幅縮短，單個生產單位每年可生產 150 萬套訂製服裝。這家企業透過效率驅動，實施資訊化和柔性化生產流程創新，將效率優勢不明顯的傳統服裝客製化訂製變得十分有效率，這對擁有龐大製造業生態

系統的製造業具有參考意義。資訊化和工業化的深度融合是企業改良生產流程、提升效率的不二之選。

七、感知互動,賦能使用者

企業預測市場需要什麼產品,就會開發什麼產品。但網路時代是不確定的,因此就需要把原來的層級、步驟和流程徹底打破,重新建立由下而上的機制。企業要深度關注使用者到底要什麼,他們還需要新增哪些新功能、選項,有哪些痛點等,使用者既是使用者、消費者,也是研發者、設計者和傳播者甚至投資者。

今天基於行動網路的社會化,媒體已成為了最貼近人們生活的資訊獲取平臺。隨著資訊傳播的多元化,人們可以以多管道、跨裝置形式獲得自己所需要的資訊,網友們身為接收端的同時,更是內容的製造、分享與傳播者。消費者獨立性強,更願意自己做出消費決策。在網路背景下,產品生產與價值的創造日益走向社會化和公眾參與,企業與客戶間的關係趨向平等、互動和相互影響。

為了適應這種變化,企業原有的生產要素都需要打散重組,建立與客戶深度互動並賦能使用者的客戶導向型創新。客戶導向型創新是指透過產品、服務或業務模式上的進步解決消費者的問題。此類創新主要來源於消費者洞察,找出消費者未被滿足的需求,有針對性地開發新的產品、服務與業

七、感知互動，賦能使用者

務模式，然後依據市場反應不斷進行修改和更新。許多成功的平臺，如叫車平臺、外送平臺等所代表的業務創新均屬此類。這些平臺透過對使用者行為和心理的深入洞察，不斷改變自身的產品並進行創新，從而吸引更多使用者，並促進使用者的黏著度、忠誠度，同時也提升了企業的商業變現能力。

第 6 章　量子策略：破繭再生之路

八、精神體驗，創造附加值

根據量子式思考，價值越來越多地來源於人類的創造性思維和技能性活動，產品和服務應滿足人類的精神性需求、體驗性需求。

體驗類產品的品質是由供需雙方共同決定的。比如，有一部原本品質好、評價很高的電影，而你在影院裡觀賞時碰巧有觀眾大聲說話、吃東西，發出令你心煩的聲音或氣味，感受的品質就會大打折扣。一個品牌、一個配方、一款遊戲、一幅畫作等，它們的價值在相當程度上取決於人類參與其中時的主觀感受。迪士尼能讓老幼顧客都欲罷不能的祕訣在於其美妙絕倫的體驗式行銷。華特・迪士尼（Walt Disney）於 1923 年創造了迪士尼人物，後創辦迪士尼樂園。從動畫世界到玩偶、服飾、樂園、酒店等現實領域，甚至在教育、出版領域，迪士尼螢幕上的動畫形象就是在實體店販賣各類衍生品最好的廣告。在迪士尼樂園中，各類遊戲和表演是依託於動畫情節的、整體的建築和裝修是依託於動畫畫面的，連裡面賣的食品也依託於動畫內容。雖然在迪士尼樂園中各類周邊產品定價都很高，但因為腦海裡已經被植入動畫形象，消費者會很容易為高溢價買單。迪士尼樂園透過清

八、精神體驗，創造附加值

晰的市場定位、精心打造的現實童話世界和優質的服務為消費者提供了快樂的美好感受。

馬斯克（Elon Musk）的特斯拉新能源車在全球的年銷量只有通用汽車的十分之一不到，但它們的市值卻是相近的。是什麼賦予特斯拉如此強大的價值創造能力呢？「你不覺得當你靠近車門，門把手自動從車內伸出來的時候是在向你招手嗎？你不覺得此時此刻它是在和你互動嗎？你沒有感受到它在和你說話嗎？」特斯拉產品的首席設計師透露了他設計特斯拉產品的關鍵所在——它需要和車主互動。

第 6 章　量子策略：破繭再生之路

第 7 章
量子管理實踐：
我們正行於其中

第 7 章　量子管理實踐：我們正行於其中

一、家電集團的人單合一、人人創業

一位家電集團的執行長提到，21世紀將是量子管理的世紀。他曾說過：「外界永遠是混沌無序的，但我們希望從無序到有序。但是網路時代到來之後，原來那一套管理不管用了，使用者的需求是客製化的，現在制定一個制度即便執行下去，也不一定對。所以，應該讓每一個員工去找到他們自己的市場。」他也提到了東方思維裡的量子思考觀：「《莊子‧外物》裡有一句話很好，『雖有至知，萬人謀之』，可能你的智慧是天下第一，但也比不上一萬個人。這個想法就很符合『量子思考』，其實我並不比他們高明，只不過我在這個位置上而已；在這個位置上也並不是要我替他們出主意，讓他們照著做，而是應該去創造一個機會，讓每個人都去發揮自己的作用。其實，每個人，只要給他機會，能量都是非常大的，都有不可限量的能量。」因此集團主張，鼓勵員工、使用者等多方積極參與市場和設計，參與互動網路，一起塑造這個具有無限可能的世界。

這個集團量子管理方面的探索和實踐主要體現在以下幾個方面。

一、家電集團的人單合一、人人創業

1. 人單合一

「人單合一」的思想目前已被全世界多家主要的商學院，如哈佛商學院、史丹佛商學院、華頓商學院等寫入教學案例，並成為哈佛商學院師生最受歡迎的案例之一。「人」是員工，「單」是使用者，員工和使用者合一，是價值導向的合一，員工一定要為使用者創造價值，使用者需求一定會反過來成就員工。人單合一是這個集團管理思想的結晶與總體概括。其內涵包括以下幾個方面。

第一，「人單合一」是供需融合和統一的價值理念。執行長多次指出，「人單合一」中的「人」是企業中的人，可以是員工，也可以是團隊、微型組織等；「單」則是使用者的需求和價值。「人單合一」的目的在於創造終身使用者。我們可以將「人」理解為供給端，將「單」理解為需求端。

這兩者之間的矛盾是企業經營的最大難題，也是市場經濟非均衡波動最重要的根源。「人單合一」旨在彌合、消除供需兩者之間的錯位和失衡，將兩者進行整合。它是網路時代追求使用者價值的統一經營原則，是具有革命性意義的企業策略理念。

第二，「人單合一」是與使用者直接互動的價值創造活動。在網路平臺上，利用顧客網路社群的組織機制，企業及

第 7 章　量子管理實踐：我們正行於其中

其成員與使用者無論何時、無論何地都可以直接互動、交流，真正做到融為一體。正因如此，組織打破了邊界——使用者在哪裡，組織就在哪裡；同時，可以真實、準確地掌握使用者需求，並藉助反應敏捷的價值創造系統回應和滿足使用者需求。這樣，傳統的規模化「端對端」流就會分解為眾多的微小價值循環，既能滿足使用者的個人化需求，又能提升產品價值的迭代速度。

第三，「人單合一」是分散式的組織形態。要滿足微小使用者群體的客製化需求，與使用者在同一時空下直接互動，龐大的集中控制型組織形態是無法做到的。執行長認為，傳統組織是圍繞總體目標的線性組織，而非致力於滿足使用者需求的非線性組織。使用者群體不斷碎形、變化，使用者需求處於流動狀態，客觀上要求企業組織更具彈性和靈活性。「人單合一」的微型組織順應和追隨市場需求之勢生成、變化，以分散式以及自組織形態應對外部環境的不確定性，對於捕捉市場機會、深化使用者關係具有重要意義。

第四，「人單合一」是市場化的激勵和共享機制。執行長曾提到，「人單合一」應該擴展為「人單酬合一」。這裡的「酬」是微型組織（包括內部成員）的報酬，它來源於外部使用者。也就是說，是使用者為微型組織支付報酬。使用者獲取了價值，付出了價格，企業內部的價值創造者則分享其中

一、家電集團的人單合一、人人創業

的增值部分。微型組織及成員分享利益時,不僅依據產品銷售及盈利指標的考核結果,還要考量使用者資源的累積、爆發,以及使用者忠誠等指標的完成情況(即雙維度評估)。這種市場化、長期化的激勵機制——同時也是使用者價值責任機制——是對傳統企業激勵機制的顛覆,是驅使組織面向市場、深化使用者關係的有力手段。

第五,「人單合一」是員工自治的治理模式。「人單合一」是賦能型管理模式,微型組織擁有較大的自主權,每個員工都是自主的。「人單合一」模式要求領導者放權。領導者手裡的權力一共有三樣——決策權、用人權、薪酬權。如果不能把它們還給員工,「人單合一」是沒法學習和推行的。傳統的組織治理模式,權力來源於財產和資本,企業內部的權力是自上而下層層授予的;而在使用者價值時代,權力來源於使用者,企業的權力結構是由下而上的——員工基於為使用者創造價值的需求確定自己應獲取的權力種類、範圍等。這是責權清晰、責權對等的倒金字塔型企業治理架構,成功協調融合使用者與員工雙方的核心需求。

「人單合一」從理論到方法,形成了一個與使用者零距離連接、對使用者個人化需求做出敏捷反應、創造顧客價值的自治、自為的整體性體系。「供需融合」是核心和目標,「直接與使用者互動」是價值創造方式;「分散式」和「自組

第 7 章　量子管理實踐：我們正行於其中

織」是價值創造的組織保證，而「使用者付酬」和「自主治理」則是組織執行的驅動及約束機制。「人單合一」強調客戶的社群、共享與經驗，可有效應對網路和物聯網時代的需求，它完成了以下四個方面的重構。

首先，「人單合一」重構了個體與組織的關係。「人單合一」把個體與組織間的從屬關係重構為共生關係。「人單合一」管理模式下，員工的指令來自使用者，而不是上級，上級僅扮演服務與支持的角色，協助員工完成工作，克服了上有政策下有對策的惡性循環，從內在激發了員工的活力。

其次，「人單合一」重構了組織內部的結構關係。「人單合一」顛覆了傳統的組織結構，把傳統的科層制金字塔結構轉變為平臺化的網路組織，使企業從大型的管控組織分裂變為微型的公司群，直接面對使用者創造價值。微型公司之間是基於使用者價值創造的共生關係。讓組織中的人和人，甚至在整個產業生態圈環境內外部的人和人之間以使用者價值為中心實現按單聚散、動態合夥，讓組織升級成一張具有活性的網路。員工被真正從傳統科層制中解放出來，直上市場和使用者，整合資源，自我實現。

再次，「人單合一」重構了員工與使用者的互動。「人單合一」關注員工與使用者的互動，從單向供給轉變為企業多元服務，兩者的連結是立體的，互動也是必然、多次和實

名的,能夠更精準地洞察使用者的客製化需求,配合大規模製造的能力,為實現大規模訂製提供了重要的基礎。

最後,「人單合一」重構了組織的邊界,企業外部的創新創業人才,也可以加盟到平臺上,一起實現這種動態合夥。「人單合一」管理模式開放了組織的邊界,使內外部資源緊密相連,透過網路平臺整合在一起,進行有效的互動與應用,將整個世界變成集團的研發部。

2. 人人創業

這家集團的每次轉型過程都圍繞「企業即人,管理即借力」的理念實施。執行長認為,集團為員工提供的不再是工作職位,而是創業機會,員工是創業者和自己的 CEO,而集團則變成了一個平臺。他一直信奉:沒有成功的企業,只有時代的企業。量子管理在不確定的網路時代,更能自我適應、存續與發展。

那麼,要靠什麼機制實現創業者的自我驅動和運轉,該如何激勵他們?對企業變革而言,最重要的無非兩點:第一是組織架構,第二是薪酬。組織架構決定企業中的人擁有什麼職能、哪些權力;薪酬則是激勵體系。在組織層面,集團

第 7 章　量子管理實踐：我們正行於其中

　　將兩項權力讓渡給基層員工和基層創業者：一是決策權，用什麼人可以自己決定；二是分配權，多得與少得由自己決定。在薪酬層面，集團所做的改變是從過去的職位給薪轉變為使用者給薪。其實關鍵就是兩點：同一目標、同一薪源。過去生產、研發、市場等部門，只要做完自己的工作就可以拿到報酬，但現在這些部門必須要圍繞一個共同的使用者目標，簽訂一個市場契約。這個契約的目標也是薪酬的來源。

　　傳統組織是串聯式的，從企劃研發、製造、行銷、服務一直到最後的使用者，企劃與使用者之間有很多傳動輪，這是企業裡的中間層，但這些傳動輪並不知道使用者在哪裡。還有一些企業外的中間層，比如供應商、銷售商。這些中間層擴大了企業和使用者之間的距離，讓系統損失了許多能量。因此，這家集團提出「外去中間商，內去隔熱牆」，也就是將架設在企業和使用者之間的引發效率低下和資訊失真的傳動輪徹底去除，讓企業和使用者直接連結，從傳統串聯流程轉型為可實現各方利益最大化的利益共同體。各種資源可以無障礙進入這個利益共同體，同時能夠實現各方利益的最大化。現在集團內沒有層級，只有三種人──平臺主、微型主、創業者，而且它們都在圍著使用者轉。平臺主從管控者變為服務者，員工從聽從上級指揮到為使用者創造價值，個人變成了創業者，這些創業者組成微型企業，創業者

和微型主共同創造使用者與市場。

在使用者給薪的制度下，只有使用者評價好，員工才可以分享價值。所以，生產人員和研發人員都是創業者，每家微型公司都有自己的損益表。所以每個人都要找使用者，然後找到使用者給薪的機制，實現這一目標。如果找不到，那要麼繼續找下去，要麼退出、離開這家企業。經營也在轉變，創業者不僅要考慮自己，還要考慮生態，要考慮在產業鏈上有多少收益或者增值多少。也就是說，不光自己要賺錢，與自己合作的利益相關方也要能賺錢，這就是「共創雙贏」。

大量微型公司加上社會資源，就變成了一個生態圈，共同創造不同的市場。並聯於平臺的多個生態圈，面對著不同的市場和不同的使用者。過去，集團選擇人才要經歷選、用、育、留的人才發展體系，但現在採用的是「動態合夥人機制」。也就是說，只要你有能力，就能在平臺上創業。而「動態」所表達的是，你若不能在平臺上創造價值，就很可能被取代。

這樣的創新和創客文化並未止步於集團內部。執行長深信「世界是無邊界的」，正因如此，這家集團也是沒有邊界的。新的創意和必要的服務也可以來自公司外部。他認為，這是一個是所有想創業的人以及可以為集團產品提供增值和

第 7 章　量子管理實踐：我們正行於其中

服務的企業的平臺。在集團從傳統企業文化向創業文化的轉型中，他也從一個過去屬於金字塔頂端的 CEO 轉型為員工的服務者，他這樣總結集團量子轉型的內在邏輯：我們倡導「服務型領導者文化」，在企業中努力培養一種謙遜和服務的氛圍，我們的服務對象包括：使用者 —— 透過各種形式的互動獲取使用者需求；員工 —— 將每個員工轉變為創業者的抱負；地區 —— 大量地區店和區域服務的布局；地球 —— 展現在綠色能源專案上。

3. 自組織、自創業

這家集團很早就取消了 KPI 考核制度，如今取消了中層管理，組建起一個個內部的自組織。企業不再是科層制，它只是一個創業的平臺，每一個員工都是創業者。從生產產品的企業轉變為孵化創業者的平臺，上千個自創業、自組織、自驅動的微型組織自主經營、自負盈虧並按需求聚散。

執行長曾經在談及創業時提出，要將三個權力歸還給員工。一個是決策權，一個是用人權，一個是分配權。三大權力歸於員工，員工就可以自己創業。一名管理顧問就這家集團的組織變革評價道：「它是打破企業家精神與企業規模之間矛盾的典範，每個僱員都是開放式的網路，都有機會成為

企業家。」他認為這樣的制度不僅可以解決企業官僚主義的大企業病,還有可能成為未來資源配置的社會模式。量子管理最大的風險是,企業對失敗的包容程度到底能夠有多高。執行長認為,過去企業是一個管控性組織,但是現在它變成了創業平臺,每一個創業團隊都是一個自組織,需要加速的是自組織的社會化。以投資為例,過去是集團投資部門,現在要變成社會化投資 —— 社會上的風險投資看好了,可以進入一個專案;如果風險投資不看好,那這個專案就可能是有問題的。另一個例子是人才的社會化 —— 確立目標之後,如果現有人員能力不足,那就要從社會上招募或促成合作。資本的社會化和人才的社會化可促使自組織真正不斷地自我改良。

第 7 章 量子管理實踐：我們正行於其中

二、灰度管理哲學

現實中灰是一種常態，黑與白是哲學上的假設，所以，秉持灰度管理哲學的經營者反對以極端方式管理公司，認為應該要提倡系統思維。一名企業家指出，或許我們還不知道什麼是正確的，但是我們一定要知道什麼是錯誤的，在錯誤的邊界之外，我們就一定能走向正確的方向。

1. 灰度管理的應用

第一，以灰度看人性，就必須摒棄非黑即白、愛憎分明、一分為二的認知方式與思維模式。主張灰度哲學的企業家認為管理者政策應該偏灰色一點，路歸路，橋歸橋，不要把功和過混為一談，不要嫉惡如仇，不要黑白分明，也不要排斥一些假積極。他有一個重要的觀點：能夠假積極五年就是真積極，真積極固然值得肯定，假積極更值得同情，因為這樣做人更難。

第二，以灰度洞察未來，制定策略和目標。未來到底怎麼樣誰也無法預測，但透過灰度哲學，可以得出一個重要的行動標準——方向大致正確，組織充滿活力。不盲目

二、灰度管理哲學

悲觀,也不盲目樂觀。有灰度,方能視野開闊、掌握不確定性、看清未來方向、認清策略目標,以實現「方向大致正確」。以內部規則的確定性應對外部環境的不確定性、以過程的確定性應對結果的不確定性、以過去和當下的確定性應對未來的不確定性、以組織的活力應對策略方向的混沌。

第三,以灰度看待企業中的矛盾關係。在企業經營管理過程中必定存在著大量相互矛盾和相互制衡的關係,如激勵與約束、擴張與控制、集權與授權、內部與外部、繼承與創新、經營與管理、短期利益與長期利益、團隊合作與尊重個性等。這些矛盾關係構成了黑白兩端。以灰度觀來看待和處理這些關係,不刻意強調平衡,對內外部關係做出智慧的決策,其核心就是依據灰度理論,抓住主要矛盾和矛盾的主要關鍵,將這些矛盾轉變為公司發展的動力。

第四,以灰度培養選拔幹部,培養領導力,把灰度作為高層管理者的任職條件。公司要能夠包容一些「奇思異想」,這些奇思異想有可能反而是劃時代的創新者。對事旗幟鮮明,對人寬容妥協,高調做事,低調做人。幹部放下了黑白是非,就會有廣闊的視野和胸懷,就能夠海納百川,心存高遠。

第五,以灰度掌握企業管理的節奏。抱持灰度哲學的經營者強調,身為高級管理者,在企業經營管理過程中,必須

第 7 章　量子管理實踐：我們正行於其中

緊緊盯住三個關鍵：方向、節奏與人均效率。當企業的方向大致正確之後，經營管理節奏的掌握就成為領導力的關鍵。著急和等不及，與不著急和等得及的節奏掌握，就是灰度管理的最好展現。方向與節奏是策略問題，人均效率是人力資源問題。

第六，以灰度視角洞察外部商業環境。不要抱怨外部商業環境的險惡，應以樂觀主義的態度評價總體層面的問題。成功的企業可以把競爭對手稱為「友商」，並且將與友商共同合作發展，共享價值利益作為企業的策略之一。

2. 擁抱不確定性

萬物互聯，跨學科的「連鎖反應」，造就了一個含有巨大不確定性的世界。人們要適應這樣不確定的世界，就需要對思考方式進行重大的轉化。

要迎接這個全新的時代，需要推進人的自由全面的發展，需要人發揮自己的智慧，需要激發內在的巨大的無窮性。欲達此目的，必須發展教育，提升人的文化素養，打開人的好奇心和求知欲，去自由探索未來的世界。

二、灰度管理哲學

國家圖書館出版品預行編目資料

當變化成為常態，告別 KPI 的量子管理新時代：管理不再只是發號施令！打破制式框架，激發員工與團隊的潛力 / 辛傑 著. -- 第一版. -- 臺北市：機曜文化事業有限公司, 2025.06
面；　公分
POD 版
ISBN 978-626-99636-8-3(平裝)
1.CST: 管理科學 2.CST: 企業管理 3.CST: 組織管理
494　　　　　　　　　　　114007683

當變化成為常態，告別 KPI 的量子管理新時代：管理不再只是發號施令！打破制式框架，激發員工與團隊的潛力

作　　者：辛傑
發 行 人：黃振庭
出 版 者：機曜文化事業有限公司
發 行 者：機曜文化事業有限公司
E - m a i l：sonbookservice@gmail.com
粉 絲 頁：https://www.facebook.com/sonbookss/
網　　址：https://sonbook.net/
地　　址：台北市中正區重慶南路一段 61 號 8 樓
8F., No.61, Sec. 1, Chongqing S. Rd., Zhongzheng Dist., Taipei City 100, Taiwan
電　　話：(02) 2370-3310　　傳　　真：(02) 2388-1990
印　　刷：京峯數位服務有限公司
律師顧問：廣華律師事務所 張珮琦律師

-版權聲明-

本書版權為機械工業出版社有限公司所有授權機曜文化事業有限公司獨家發行繁體字版電子書及紙本書。若有其他相關權利及授權需求請與本公司聯繫。

未經書面許可，不可複製、發行。

定　　價：320 元
發行日期：2025 年 06 月第一版
◎本書以 POD 印製